IPA-IAO
Forschung und Praxis

Band 92

Berichte aus dem
Fraunhofer-Institut für Produktionstechnik und Automatisierung (IPA), Stuttgart,
Fraunhofer-Institut für Arbeitswirtschaft und Organisation (IAO), Stuttgart, und
Institut für Industrielle Fertigung und Fabrikbetrieb der Universität Stuttgart

Herausgeber: H. J. Warnecke und H.-J. Bullinger

Wolfgang Sturz

Werkstückorientierte Verfahrensauswahl zum Gußputzen mit Industrierobotern

Mit 59 Abbildungen

Springer-Verlag
Berlin Heidelberg GmbH 1986

Dipl.-Ing. Wolfgang Sturz

Fraunhofer-Institut für Produktionstechnik und Automatisierung (IPA), Stuttgart

Dr.-Ing. H. J. Warnecke

o. Professor an der Universität Stuttgart
Fraunhofer-Institut für Produktionstechnik und Automatisierung (IPA), Stuttgart

Dr.-Ing. habil. H.-J. Bullinger

o. Professor an der Universität Stuttgart
Fraunhofer-Institut für Arbeitswirtschaft und Organisation (IAO), Stuttgart

D 93

ISBN 978-3-540-16224-7 ISBN 978-3-662-10913-7 (eBook)
DOI 10.1007/978-3-662-10913-7

Gesamtherstellung: Copydruck GmbH, Heimsheim
2362/3020—543210

Geleitwort der Herausgeber

Futuristische Bilder werden heute entworfen:

o Roboter bauen Roboter,

o Breitbandinformationssysteme transferieren riesige Datenmengen in Sekunden um die ganze Welt.

Von der "menschenleeren Fabrik" wird da gesprochen und vom "papierlosen Büro". Wörtlich genommen muß man beides als Utopie bezeichnen, aber der Entwicklungstrend geht sicher zur "automatischen Fertigung" und zum "rechnerunterstützten Büro". Forschung bedarf der Perspektive, Forschung benötigt aber auch die Rückkopplung zur Praxis - insbesondere im Bereich der Produktionstechnik und der Arbeitswissenschaft.

Für eine Industriegesellschaft hat die Produktionstechnik eine Schlüsselstellung. Mechanisierung und Automatisierung haben es uns in den letzten Jahren erlaubt, die Produktivität unserer Wirtschaft ständig zu verbessern. In der Vergangenheit stand dabei die Leistungssteigerung einzelner Maschinen und Verfahren im Vordergrund. Heute wissen wir, daß wir das Zusammenspiel der verschiedenen Unternehmensbereiche stärker beachten müssen. In der Fertigung selbst konzipieren wir flexible Fertigungssysteme, die viele verkettete Einzelmaschinen beinhalten. Dort, wo es Produkt und Produktionsprogramm zulassen, denken wir intensiv über die Verknüpfung von Konstruktion, Arbeitsvorbereitung, Fertigung und Qualitätskontrolle nach. Rechnerunterstützte Informationssysteme helfen dabei und sollen zum CIM (Computer Integrated Manufacturing) führen und CAD (Computer Aided Design) und CAM (Computer Aided Manufacturing) vereinen. Auch die Büroarbeit wird neu durchdacht und mit Hilfe vernetzter Computersysteme teilweise automatisiert und mit den anderen Unternehmensfunktionen verbunden. Information ist zu einem Produktionsfaktor geworden, und die Art und Weise, wie man damit umgeht, wird mit über den Unternehmenserfolg entscheiden.

Der Erfolg in unseren Unternehmen hängt auch in der Zukunft entscheidend von den dort arbeitenden Menschen ab. Rationalisierung und Automatisierung müssen deshalb im Zusammenhang mit Fragen der Arbeitsgestaltung betrieben werden, unter Berücksichtigung der Bedürfnisse der Mitarbeiter und unter Beachtung der erforderlichen Qualifikationen. Investitionen in Maschinen und Anlagen müssen deshalb in der Produktion wie im Büro durch Investitionen in die Qualifikation der Mitarbeiter begleitet werden. Bereits im Planungsstadium müssen Technik, Organisation und Soziales integrativ betrachtet und mit gleichrangigen Gestaltungszielen belegt werden.

Von wissenschaftlicher Seite muß dieses Bemühen durch die Entwicklung von Methoden und Vorgehensweisen zur systematischen Analyse und Verbesserung des Systems Produktionsbetrieb einschließlich der erforderlichen Dienstleistungsfunktionen unterstützt werden. Die Ingenieure sind hier gefordert, in enger Zusammenarbeit mit anderen Disziplinen, z. B. der Informatik, der Wirtschaftswissenschaften und der Arbeitswissenschaft, Lösungen zu erarbeiten, die den veränderten Randbedingungen Rechnung tragen.

Beispielhaft sei hier an den großen Bereich der Informationsverarbeitung im Betrieb erinnert, der von der Angebotserstellung über Konstruktion und Arbeitsvorbereitung, bis hin zur Fertigungssteuerung und Qualitätskontrolle reicht. Beim Materialfluß geht es um die richtige Auswahl und den Einsatz von Fördermitteln sowie Anordnung und Ausstattung von Lagern. Große Aufmerksamkeit wird in nächster Zukunft auch der weiteren Automatisierung der Handhabung von Werkstücken und Werkzeugen sowie der Montage von Produkten geschenkt werden.

Von der Forschung muß in diesem Zusammenhang ein Beitrag zum Einsatz fortschrittlicher intelligenter Computersysteme erfolgen. Planungsprozesse müssen durch Softwaresysteme unterstützt und Arbeitsbedingungen wissenschaftlich analysiert und neu gestaltet werden.

Die von den Herausgebern geleiteten Institute, das

- Institut für Industrielle Fertigung und Fabrikbetrieb der Universität Stuttgart (IFF),

- Fraunhofer-Institut für Produktionstechnik und Automatisierung (IPA),

- Fraunhofer-Institut für Arbeitswirtschaft und Organisation (IAO)

arbeiten in grundlegender und angewandter Forschung intensiv an den oben aufgezeigten Entwicklungen mit. Die Ausstattung der Labors und die Qualifikation der Mitarbeiter haben bereits in der Vergangenheit zu Forschungsergebnissen geführt, die für die Praxis von großem Wert waren. Zur Umsetzung gewonnener Erkenntnisse wird die Schriftenreihe "IPA-IAO - Forschung und Praxis" herausgegeben. Der vorliegende Band setzt diese Reihe fort. Eine Übersicht über bisher erschienene Titel wird am Schluß dieses Buches gegeben.

Dem Verfasser sei für die geleistete Arbeit gedankt, dem Springer-Verlag für die Aufnahme dieser Schriftenreihe in seine Angebotspalette und der Druckerei für saubere und zügige Ausführung. Möge das Buch von der Fachwelt gut aufgenommen werden.

H. J. Warnecke · H.-J. Bullinger

Vorwort

Die vorliegende Arbeit entstand während meiner Tätigkeit als wissenschaftlicher Mitarbeiter am Fraunhofer-Institut für Produktionstechnik und Automatisierung (IPA), Stuttgart.

Mein besonderer Dank gilt dem Leiter des Instituts, Herrn Prof. Dr.-Ing. H.-J. Warnecke, für seine großzügige Unterstützung und Förderung, die entscheidend zur erfolgreichen Durchführung dieser Arbeit beigetragen haben.

Herrn Prof. Dr.-Ing. G. Pritschow danke ich für die Übernahme des Korreferats und für die vielen wertvollen Hinweise, die sich daraus ergaben.

Aus dem großen Kreis der Kollegen und Kolleginnen des Instituts, die mich durch ihre Mitarbeit und anregende Kritik unterstützt haben, möchte ich insbesondere Dr.-Ing. E. Abele, Herrn P. Arns, Dipl.-Ing. D. Boley, Dipl.-Ing. M. Höpf, Dr.-Ing. R.D. Schraft, Frau L. Schuhmacher sowie Dr.-Ing. M. Schweizer dankend erwähnen.

Ein besonderer Dank gilt ferner meiner Frau, die mir während der Durchführung der Arbeiten stets verständnisvoll und motivierend zur Seite stand.

Stuttgart, im Oktober 1985 Wolfgang Sturz

Inhaltsverzeichnis

Seite

Seite

Verzeichnis der verwendeten Abkürzungen

A	mm^2	Gratquerschnittsfläche
A_{max}	mm^2	Maximale Gratquerschnittsfläche
A_{min}	mm^2	Minimale Gratquerschnittsfläche
$A_{gr,n}$	mm^2	Schnittfläche A des Grates n
b	mm	Breite
b_{gt}	mm	Breite eines Gußteiles
$b_{gr,n}$	mm	Breite des Gießgrates mit der laufenden Nummer n
D	N/mm^3	Spezifisches Gewicht
D_{gt}	N/mm^3	Spezifisches Gewicht des Gußteilwerkstoffes
G	N	Gewicht
G_{gt}	N	Gußteilgewicht
$G_{gt,b}$	N	Gußteilgewicht, bearbeitet (ohne Gießsystem und Gießgrate)
$G_{gt,u}$	N	Gußteilgewicht, unbearbeitet (mit Gießsystem und Gießgraten)
GPR	-	Gußputzroboter
h	mm	Höhe
$h_{fv,n}$	mm	Höhe des Formversatzes bei einem Grat n
$h_{gr,n}$	mm	Höhe des Gießgrates mit der laufenden Nummer n
h_{gt}	mm	Höhe eines Gußteiles
IR	-	Industrieroboter
l	mm	Länge
l_{gt}	mm	Länge eines Gußteiles
$l_{gr,n}$	mm	Länge des Gießgrates mit der laufenden Nummer n
m	-	Summe aller Gießgrate eines Gußteiles
n	-	Stückzahl
NZF	-	Verfahrensabhängiger Nebenzeitfaktor
PZF	-	Programmierzeitfaktor
Q	-	Kennzahl zur normierten Bewertung eines Gußteiles im Hinblick auf den Einsatz eines Gußputzroboters

$Q_{bt,n}$	-	Kennzahl zur Bewertung der Streuungen der Gratbreite eines Gießgrates mit der laufenden Nummer n
Q_{ft}	-	Kennzahl zur Bewertung der Formtoleranz eines Gußteiles
$Q_{fv,n}$	-	Kennzahl zur Bewertung des Formversatzes bei einem Grat n
Q_{gk}	-	Kennzahl zur Bewertung der geometrischen Komplexität eines Gußteiles
Q_{gl}	-	Kennzahl zur Bewertung der einzelnen Gratlängen eines Gußteiles
Q_{gr}	-	Kennzahl zur Bewertung sämtlicher gratbezogener Merkmale eines Gußteiles (an allen Graten)
$Q_{gr,n}$	-	Kennzahl zur Gesamtbewertung eines einzelnen Gießgrates mit der laufenden Nummer n
Q_{gt}	-	Kennzahl zur Bewertung sämtlicher werkstückbezogener Merkmale eines Gußteiles
$Q_{gv,n}$	-	Kennzahl zur Bewertung des Gratverlaufes des Grates n
$Q_{ht,n}$	-	Kennzahl zur Bewertung der Streuungen der Grathöhe eines Gießgrates mit der laufenden Nummer n
Q_{ka}	-	Kennzahl zur Bewertung des Kreislaufmaterialanteils eines Gußteiles
$Q_{lt,n}$	-	Kennzahl zur Bewertung der Lagetoleranzen eines Gießgrates mit der laufenden Nummer n
$Q_{qt,n}$	-	Kennzahl zur Bewertung der Streuungen der Trennfläche eines Grates mit der Nummer n
Q_{sa}	-	Kennzahl zur Bewertung des Spannaufwandes
Q_x	-	Kennzahl zur Bewertung des Merkmals x
$Q_{zu,n}$	-	Kennzahl zur Bewertung der Zugänglichkeit eines Grates mit der laufenden Nummer n
T_{abs}	mm	Toleranz (absolut)
T_{eff}	s	Effektive Stückzeit unter Berücksichtigung der anteiligen und stückzahlabhängigen Programmierzeit
T_{gwz}	s	Gußteilwendezeit

T_{hz}	s	Bearbeitungszeit (Werkzeug ist im Eingriff)
T_{nz}	s	Nebenzeit (Werkzeug ist nicht im Eingriff)
T_{rel}	%	Toleranz (prozentual)
T_{pz}	%	Programmierzeit
T_{tz}	s	Taktzeit
T_{wwz}	s	Werkzeugwechselzeit
T_{zuf}	s	Gußteilhandhabungszeit (Zuführen usw.)
V	mm^3	Volumen
V_{gt}	mm^3	Volumen eines Gußteiles
V_{qu}	mm^3	Quaderhüllvolumen eines Gußteiles

Verzeichnis der verwendeten Indices

abs	-	Index zur Bezeichnung eines Absolutwertes
b	-	Index zur Bezeichnung eines bearbeiteten Gußteiles
bt	-	Index zur Bezeichnung der Streuungen der Gratbreite
eff	-	Index zur Bezeichnung der effektiven Bearbeitungszeit
ft	-	Index zur Bezeichnung der Formtoleranzen eines Gußteiles
fv	-	Index zur Bezeichnung des Formversatzes eines Grates
gk	-	Index zur Bezeichnung der geometrischen Komplexität eines Gußteiles
gl	-	Index zur Bezeichnung der Gratlänge
gr	-	Index zur Bezeichnung eines Grates
gt	-	Index zur Bezeichnung eines Gußteiles
gv	-	Index zur Bezeichnung des Gratverlaufes eines Grates
gwz	-	Index zur Bezeichnung der Gußteilwendezeit
ht	-	Index zur Bezeichnung der Streuungen der Grathöhe
hz	-	Index zur Bezeichnung der Bearbeitungszeit

ka	-	Index zur Bezeichnung des Kreislaufmaterialanteils
lt	-	Index zur Bezeichnung der Lagetoleranzen eines Grates
max	-	Index für den Höchstwert der indizierten Größe
min	-	Index für den Mindestwert der indizierten Größe
n	-	Index zur Bezeichnung der Gratnummer
nz	-	Index zur Bezeichnung der Nebenzeit
pz	-	Index zur Bezeichnung der Programmierzeit
qt	-	Index zur Bezeichnung der Streuungen der Trennfläche eines Grates
qu	-	Index zur Bezeichnung eines Quaders
rel	-	Index zur Bezeichnung eines Relativwertes
sa	-	Index zur Bezeichnung des Spannaufwandes für ein Gußteil
u	-	Index zur Bezeichnung eines unbearbeiteten Gußteiles
wwz	-	Index zur Bezeichnung der Werkzeugwechelzeit
x	-	Index zur Bezeichnung eines Merkmals 'x'
zu	-	Index zur Bezeichnung der Zugänglichkeit eines Grates
zuf	-	Index zur Bezeichnung der Handhabungszeit

1 EINLEITUNG

1.1 Allgemeine Problemstellung beim Gußputzen

Seit geraumer Zeit besteht auch in der Gießereibranche ein zunehmender Zwang zur Rationalisierung. Bisher erfolgte die damit einhergehende Mechanisierung und Automatisierung im wesentlichen in den Formmachereien und im eigentlichen Gießbetrieb. Die dem Gießprozeß nachgelagerten Gußputzereien wurden oft vernachlässigt, so daß dort die Lohnkosten pro Tonne Guß mittlerweile bis zu 50% der gesamten Gießereilohnkosten betragen /1/.

Unabhängig von der sich daraus ergebenden Notwendigkeit zur Rationalisierung des Gußputzbereiches ist aus heutiger Sicht eine Automatisierung auch zur Vermeidung der extremen körperlichen Belastungen an bestimmten Gußputz-Arbeitsplätzen notwendig. Das Personal ist z.B. sehr hohen physischen Belastungen (Lärm /2/, Staub usw.), aber auch extremen psychischen Anforderungen (Monotonie) ausgesetzt. Die Kosten, die den Unternehmen dadurch indirekt entstehen, wurden bereits in verschiedenen Arbeiten auf dem Gebiet der Humanvermögensrechnung quantifiziert /3,4/.

Eine Verbesserung dieser Situation zeichnet sich jetzt durch den Einsatz von Industrierobotern zum Gußputzen ab /5,6,7,8/. Solche Industrieroboter sind programmierbar und in ihrer Aufgabenstellung nicht an ein bestimmtes Gußteil oder an ein bestimmtes Gußputzverfahren gebunden. Sie können somit insbesondere in dem Bereich zwischen dem manuellen Gußputzen bei sehr geringen Stückzahlen und dem Einsatz von Sondermaschinen bei großen Serien eingesetzt werden.

Der Einsatz von Gußputzrobotern wird allerdings dadurch erschwert, daß die Wirtschaftlichkeit dieser Technologie gegenüber dem manuellen Gußputzen und dem Einsatz von Sondermaschinen nur unter Einhaltung sehr enger Randbedingungen gegeben ist. Diese wurden bisher nicht systematisch erfaßt, weder quantitativ noch qualitativ, so daß derzeit jede Planung von Gußputzroboter-Arbeitsplätzen mit großen Unsicherheiten behaftet ist. Erprobte Standardlösungen stehen bisher nicht zur Verfügung /9,10/.

1.2 Zielsetzung und Vorgehensweise

Eine planerische Berücksichtigung sämtlicher beim Gußputzen mit Industrierobotern relevanter Faktoren ist ohne systematische Problemanalyse und einer Umsetzung von Erfahrungen aus anderen Anwendungen nur mit großem Aufwand möglich. Mangelnde Erfahrung führt deshalb oft zu Lösungsversuchen, die dann das Stadium der Verfahrensentwicklung nicht verlassen.

Zur Lösung dieser Problematik ergibt sich als wichtigste Zielsetzung für die vorliegende Arbeit eine eingehende Analyse sowohl der gußteilspezifischen Randbedingungen als auch der Möglichkeiten und Grenzen der verschiedenen Gußputzverfahren, die beim Industrierobotereinsatz zu beachten sind. So soll untersucht werden, welche Einflüsse die Geometrie des Gußteiles, die Gratausprägung, die Gratlage usw. auf die Auswahl robotergerechter Gußputzverfahren haben. Die Ergebnisse der Analyse bilden dann die Grundlage für die Entwicklung eines rechnergestützten Instrumentariums zur Gußteilbewertung und zur werkstückorientierten Verfahrensauswahl für den Einsatz von Gußputzrobotern.

Grundlage für die Entwicklung des Planungsinstrumentariums ist der derzeit erreichte Stand der Technik beim Gußputzen mit Industrierobotern. Dabei muß allerdings gewährleistet sein, daß auch zukünftige Entwicklungen der Gußputztechnologien oder der Steuerungstechnik (z.B. automatische Adaption an unterschiedliche Gratausprägungen) durch eine einfache Anpassung des Planungsinstrumentariums an die sich dabei ändernden Voraussetzungen berücksichtigt werden können.

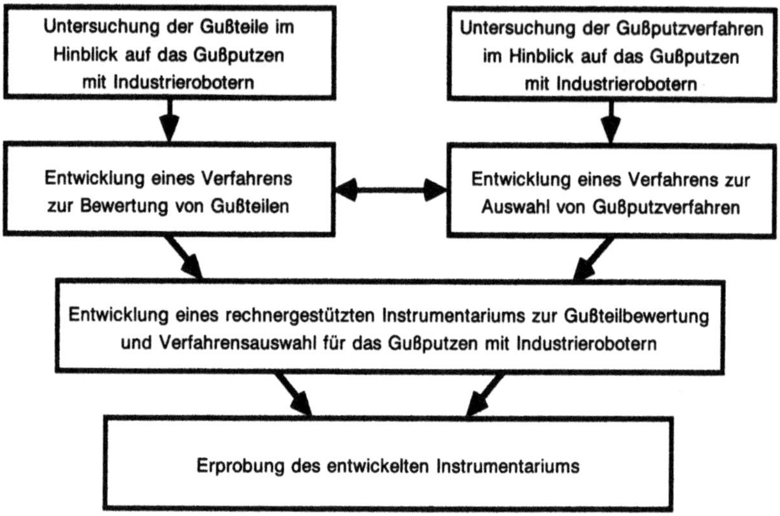

Bild 1: Vorgehensweise bei der Untersuchung und Bewertung der technischen Einflußgrößen zur werkstückorientierten Optimierung der Verfahrensauswahl beim Gußputzen mit Industrierobotern

Die im Rahmen dieser Arbeit entwickelte Methodik soll die bereits bestehenden Planungsmethoden für den Industrieroboteinsatz nicht ersetzen sondern ergänzen /11,12/. Die Zielsetzung richtet sich dabei auf die Untersuchung der speziellen technischen Zusammenhänge beim Gußputzen mit Industrierobotern mit der Aufgabe, diese Ergebnisse optimal bei der Planung und Realisierung von Gußputzroboter-Einsatzfällen zu verwerten.

2 AUSGANGSSITUATION

2.1 Definitionen

2.1.1 Begriffe der Handhabungstechnik

Industrieroboter sind universell einsetzbare Automaten mit mehreren Achsen, deren Bewegungsmöglichkeiten i.a. durch einen oder mehrere Arme realisiert werden und die am Ende mit weiteren Gelenken (Nebenachsen) ausgerüstet sein können. Ihre Bewegungen müssen hinsichtlich Bewegungsfolge und Wegen bzw. Winkeln ohne mechanischen Eingriff in die Steuerung programmierbar sein; sie können sensorgeführt sein. Industrieroboter sind mit Greifern, Werkzeugen, Meßmitteln oder anderen Fertigungsmitteln ausrüstbar und können Handhabungs- und/oder andere Fertigungsaufgaben ausführen /13/.

Im Gegensatz dazu sind Teleoperatoren Manipulatoren, die keine programmierbare Steuerung besitzen. Die Programmsteuerung übernimmt hier der Mensch, der sämtliche Entscheidungen trifft und der die Bewegungen einleitet /14/. Mit Hilfe von Teleoperatoren kann die Leistung und die Reichweite des Menschen bei weitem übertroffen werden. In Gießereien werden Teleoperatoren insbesondere dort eingesetzt, wo der Mensch von schwerer physischer Arbeit entlastet werden soll, seine Anwesenheit aber trotzdem erforderlich ist, wie z.B. beim Handhaben von großen Gußteilen und beim Entformen. Vereinzelt werden Teleoperatoren auch bereits zum Schleifen großer Gußteile eingesetzt. Da der Bediener jedoch räumlich von den Gußteilen entfernt ist und somit keine genaue Überwachung des eigentlichen Bearbeitungsvorganges möglich ist, können solche Systeme kaum auf breiter Basis für das Putzen von Gußteilen eingesetzt werden.

2.1.2 Begriffe zum Gußputzen

Das Gußputzen ist ein Sammelbegriff für alle Arbeiten am rohen Gußstück, wie dieses nach der Abkühlung aus der Gießform kommt /15/. Im einzelnen unterscheidet man zwischen dem "Rohputzen" und dem "Feinputzen". Das Rohputzen erstreckt sich nur auf solche Arbeiten, die für eine modell- und zeichnungsgerechte Ablieferung der Gußteile notwendig sind. Dazu gehört das Abtrennen des Kreislaufmaterials und das Entfernen aller gießtechnisch erforderlichen Werkstoffzugaben. Gießgrate, insbesondere an der Formteilungsnaht, an Kernflächen oder an angelegten Kühleisen sind zu beseitigen und beizuschleifen. Alle anderen Arbeiten wie z.B. das abschließende Strahlen mit Granalien oder sonstigen Strahlmitteln, die nicht das Entsanden, sondern die Beseitigung von Schleifriefen oder die Verbesserung der Oberflächenbeschaffenheit zur Aufgabe haben, fallen unter den Begriff "Feinputzen". In der vorliegenden Arbeit wird das Rohputzen von Gußteilen mit Industrierobotern untersucht.

Im folgenden werden die Industrieroboter als Gußputzroboter bezeichnet, die bezüglich Kinematik (Arbeitsraum), Mechanik (Steifigkeit, Dichtungen usw.) und Steuerung (Programmierung, Bewegungsverhalten, Bahnsteuerung) insbesondere für das Gußputzen ausgelegt und geeignet sind.

Gießgrate sind am Gußteil anhaftende, dünnwandige Metallreste, die beim Gießen durch das Eindringen der Schmelze in die Formteilung oder in Paßfugen von Formeinsätzen oder Kernen entstanden sind /15/. Dickwandiger Grat kann durch Aufschwemmen der Oberkastenform beim Gießen entstehen und wird dann als Grobgrat oder Formteilungsgrat bezeichnet.

Das Kreislaufmaterial besteht aus Metallteilen, die aus gießtechnischen Gründen an das Gußteil mit angegossen werden müssen. Das Kreislaufmaterial (z.B. Eingüsse, Anschnitte, Gießläufe und Speiser) wird beim Gußputzen vom Rohgußstück getrennt und anschließend wieder eingeschmolzen /15/.

Unter Werkzeugen sind im folgenden stets Werkzeuge zu verstehen, die für das Entfernen von Gießgraten oder Kreislaufmaterial eingesetzt werden. Die einsetzbaren Werkzeuge werden nach verschiedenen Verfahren unterteilt (z.B. Schleifen, Fräsen, Sägen usw.). Werkzeuge können sowohl am Industrieroboter befestigt (Werkzeughandhabung) als auch stationär im Arbeitsraum des Industrieroboters installiert werden. Im zweiten Fall, bei dem der Industrieroboter die Gußteile zu den Werkzeugen führt, spricht man von der Werkstückhandhabung oder Gußteilhandhabung.

Ein Werkzeugwechsel ist erforderlich, wenn bei der Werkzeughandhabung zum Gußputzen eines Werkstückes verschiedene Werkzeuge eingesetzt werden müssen. Dies ist bei vielen Gußputzaufgaben der Fall, da die meisten Grate oft eine sehr unterschiedliche Ausprägung oder Zugänglichkeit haben und deshalb nicht alle mit dem gleichen Verfahren bzw. den gleichen Werkzeugen entfernt werden können.

Zuführeinrichtungen gewährleisten, daß die Gußteile automatisch in den Arbeitsraum des Industrieroboters gelangen, so daß kein taktgebundenes Bedienungspersonal erforderlich ist.

Mit Hilfe von Spannvorrichtungen werden Gußteile möglichst genau im Arbeitsraum des Industrieroboters fixiert. Dabei ist besonders problematisch, daß die Gußteile i.a. nicht über Referenzflächen für eine definierte Positionierung verfügen.

2.2 Stand der Technik

2.2.1 Anwendungsfälle in der Industrie

Bereits seit einiger Zeit werden vereinzelt Industrieroboter zum Gußputzen eingesetzt /10,16,17,18/.

Bild 2: Beispiel eines in einer Gießerei eingesetzten Gußputzroboters (Werkzeughandhabung)

Bei den derzeit eingesetzten Gußputzrobotern handelt es sich fast ausschließlich um sogenannte Knickarmgeräte, die aus einzelnen Drehgelenken aufgebaut sind. Bisher wurden kaum andere Kinematikarten (z.B. Portalroboter mit Linearachsen) verwendet. Dies läßt sich dadurch erklären, daß beim derzeitigen Stand der Technik von den vielen auf dem Markt erhältlichen Industrierobotern nur einige Knickarmgeräte aufgrund ihrer mechanischen Zuverlässigkeit für den Einsatz in Gußputzereien geeignet sind. Mittlerweile gibt es einige Ansätze zur systematischen und problembezogenen Auswahl der jeweils optimalen kinematischen Struktur /63/. Untersuchungsergebnisse im Hinblick auf die am besten für Gußputzaufgaben geeignete Kinematik liegen derzeit jedoch noch nicht vor.

Bisher werden Gußputzroboter in der Praxis fast ausschließlich bei Werkstücken mit geringen Form- und Grattoleranzen sowie geringen Anforderungen an die Entgratqualität eingesetzt. Teilweise werden Werkstückverschleiß und Werkstücktoleranzen durch die Nachgiebigkeit des Industrieroboters oder durch nachgiebige oder elastische Werkzeugaufhängungen kompensiert. Eine steuerungs- oder regelungstechnische Berücksichtigung eventuell auftretender Grattoleranzen konnte bisher nur in den Forschungslabors realisiert werden. Praktische Anwendungen der in diesen Labors gewonnenen Erkenntnisse sind nicht bekannt /23/.

Die Programmierung der derzeit eingesetzten Gußputzroboter erfolgt im sogenannten Teach-in-Verfahren. Dabei werden über ein spezielles Programmiergerät mit einer Tastatur zur Ansteuerung der einzelnen Bewegungsrichtungen eine Vielzahl von Konturpunkten mit dem Industrieroboter angefahren und gespeichert. Im Automatikbetrieb ist dann eine Wiederholung dieses gespeicherten Bewegungsablaufes möglich. Ein Problem bei der Programmierung am Industrieroboter ergibt sich aus der Tatsache, daß während des Programmiervorganges keine Produktion möglich ist. Da das Programmieren von Gußputzaufgaben aufgrund der oft komplexen Gratverläufe und der gleichzeitig zu beachtenden technischen Problemstellungen (Schnittgeschwindigkeiten usw.) derzeit noch einen Zeitaufwand von oft mehreren Tagen bis zu einigen Wochen erfordert, entstehen somit bei jedem neuen Gußteil neben den eigentlichen Programmierkosten auch hohe Kosten durch den Produktionsausfall.

Da die bisherigen Anwendungen fast ausnahmslos aus Sonderlösungen mit speziellen Verfahren für besondere Werkstückspektren bestehen, ist eine Übertragung auf andere Gießereien im allgemeinen nicht ohne weiteres möglich. Jede neue Anwendung erfordert deshalb immer wieder einen sehr großen Planungsaufwand, der, bedingt durch die Komplexität und die Vielzahl der zu berücksichtigenden Randbedingungen, oft nicht in seiner Gesamtheit überschaubar ist /19,23/.

Aufgrund der geschilderten Problembereiche wurde der wirtschaftliche Einsatz von Gußputzrobotern bisher erheblich erschwert, so daß nur eine verhältnismäßig geringe Anzahl praktischer Anwendungsfälle realisiert werden konnte.

2.2.2 Stand der Forschung

Derzeit wird an verschiedenen Forschungsinstituten und in den Forschungsabteilungen der Industrie intensiv an der Aufgabenstellung des Gußputzens mit Industrierobotern gearbeitet. Dies läßt sich u.a. aus der Verteilung der Gußputzroboter in der Bundesrepublik ableiten.

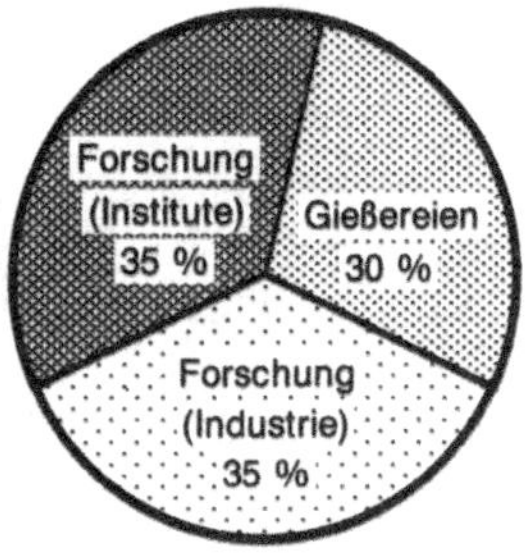

Bild 3: Verhältnis zwischen Gußputzrobotern im praktischen Einsatz und in den Forschungslabors (Bundesrepublik Deutschland, 1985) /20/

Die wichtigste Zielsetzung der meisten Forschungsarbeiten ist es, durch Entwicklung adaptiver Steuerungen die großen Toleranzen der Gußteile und der Gratausprägungen sowie die Ungenauigkeiten der Industrieroboter und den Werkzeugverschleiß zu kompensieren /9/.

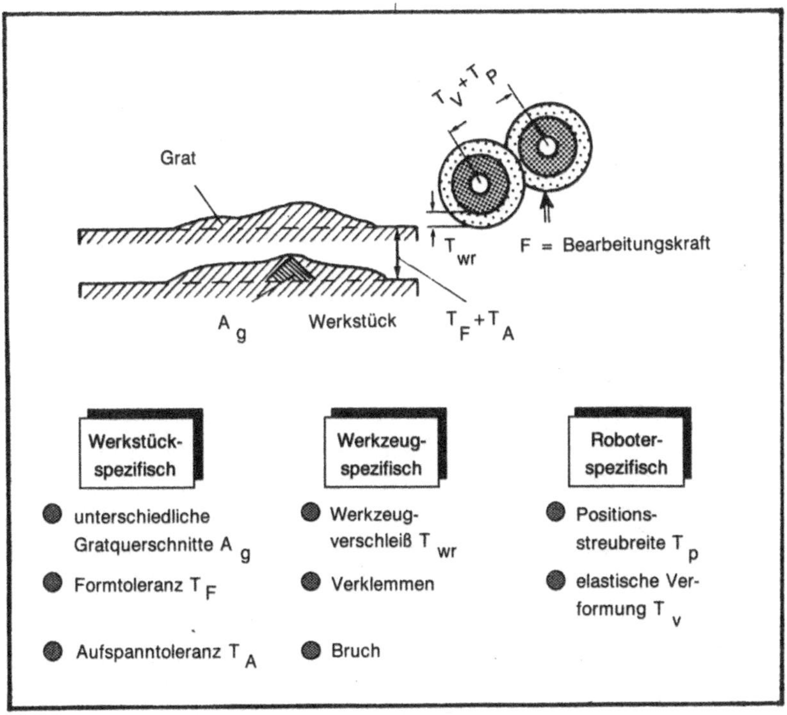

Bild 4: Störende Einflußgrößen beim Gußputzen mit Industrierobotern /9/

In einzelnen Labors wurden bereits funktionsfähige Systeme aufgebaut und erprobt, mit denen einige der in Bild 4 dargestellten Störeinflüsse grundsätzlich erfaßt und kompensiert werden konnten /21,22/. Im wesentlichen können diese Systeme auf zwei Ansätze zurückgeführt werden:

- Messung der Schnittkräfte, insbesondere der Reaktionskräfte zwischen Werkstück und Werkzeug oder
- Messung geometrischer Größen (Gratausprägung).

Eine Erfassung der Reaktionskräfte, die beim Gußputzen zwischen Werkzeug und Gußteil auftreten, ist mittels geeigneter Kraft-Momenten-Sensoren, die in dem Werkzeugflansch des Industrieroboters oder in der Spannvorrichtung des Gußteils integriert sind, mittlerweile ohne weiteres möglich /9,24/. Mit den Meßsignalen, die während des Bearbeitungsprozesses erfaßt werden können, läßt sich der programmierte Bewegungsablauf des Industrieroboters in Abhängigkeit von einer vereinbarten Strategie beeinflussen. Die wichtigsten Regelungsstrategien auf der Basis der Überwachung der Reaktionskräfte sind die

- Konturfolgesteuerung und die
- Geschwindigkeitssteuerung.

Bei der Konturfolgesteuerung wird die vorprogrammierte Bewegungsbahn des Industrieroboters aufgrund der Meßsignale eines Kraft-Momenten-Sensors so geregelt, daß die Reaktionskraft zwischen Gußputzwerkzeug und Grat bzw. Gußteil innerhalb vorgegebener Grenzen stets konstant bleibt. Eine wesentliche Voraussetzung ist dabei, daß die Gratausprägung über den gesamten Gratverlauf konstant bleibt, da bei einer Regelung der Reaktionskraft bzw. der Schnittkraft die Abtragsrate zwangsläufig konstant bleibt.

Ein Problem bei der sensorunterstützten Konturfolgesteuerung ergibt sich aus der Tatsache, daß die meisten der derzeit zur Verfügung stehenden Industrierobotersteuerungen zu langsame Rechengeschwindigkeiten haben. Bei den meisten industriell eingesetzten Steuerungen verstreichen zwischen dem Zeitpunkt der Signalerfassung und der tatsächlichen Korrektur des Bewegungsablaufes ca. 100 ms. Bei Vorschubgeschwindigkeiten von 50 mm/s legt das Gußputzwerkzeug somit einen Weg von 5 mm zurück, bevor die eigentliche Korrektur der Bewegungsbahn beginnt. Zur Zeit werden jedoch schnellere Rechner entwickelt, so daß dieses Problem in absehbarer Zeit nicht mehr aktuell sein dürfte.

Ein wesentlich einfacheres Verfahren der Konturfolgesteuerung bietet sich im übrigen mit Hilfe der nachgiebig gelagerten Werkzeuge an. Es ist mit einem einfachen Druckluftzylinder technisch möglich, über den gesamten Bereich der Nachgiebigkeit eine konstante Bearbeitungskraft zu erzeugen. Damit können ohne Beeinträchtigung durch langsame Rechengeschwindigkeiten auch bei größeren Form- oder Spanntoleranzen des Gußteils konstante Bearbeitungskräfte gewährleistet werden. Auch hier besteht allerdings nicht ohne weiteres eine Möglichkeit zur Kompensation von Toleranzen der Gratausprägung.

Bei der Geschwindigkeitssteuerung auf der Basis von Kraft-Momenten-Sensoren ist hingegen grundsätzlich eine Anpassung an unterschiedliche Gratausprägungen möglich. Unter der Voraussetzung, daß ein sehr genaues Bewegungsprogramm für den Industrieroboter erstellt wurde und daß im Gußteil keine Formtoleranzen auftreten, werden bei dieser Strategie die mit einem Kraft-Momenten-Sensor erfaßten Reaktionskräfte zur Beurteilung der Gratausprägung verwertet. Große Reaktionskräfte deuten dabei auf große Gratausprägungen. Um dann bei einem plötzlich größer werdenden Grat zu gewährleisten, daß dieser trotzdem vollständig entfernt wird, wird an diesen Stellen die Vorschubgeschwindigkeit des Industrieroboters bei gleichbleibender Bearbeitungskraft reduziert. In der Praxis wurde diese Strategie bisher aus verschiedenen Gründen noch nicht eingesetzt. Einerseits werden auch hier die regelungstechnischen Möglichkeiten durch die derzeit noch langsamen Steuerungen beeinträchtigt. Ferner ist die exakte Programmierung des Industrieroboters mit Hilfe der heutigen Programmierverfahren (Teach-in) sehr zeitaufwendig und kompliziert. Außerdem kann bei so einer Strategie bei zunehmender Reaktionskraft nicht differenziert werden, ob diese durch einen größer werdenden Grat oder durch einen eventuell aufgetretenen Formversatz des Gußteiles verursacht wird, so daß beim Gußputzen dann unter Umständen zuviel Metall entfernt wird.

Zusätzlich zu den Strategien, die auf der Basis der Kraft-Momenten-Sensoren beruhen, werden in verschiedenen Forschungslabors Sensorsysteme zur Erfassung von geometrischen Größen entwickelt. Im wesentlichen werden dabei taktile Sensoren eingesetzt. So wurden z.B. taktile Sensoren entwickelt, die während des Bearbeitungsvorganges dem eigentlichen Gußputzwerkzeug voreilen /9,22/. Aufgrund der erfaßten Geometriedaten kann das Bewegungsprogramm des Industrieroboters dann rechnerisch durch einen entsprechenden Algorithmus korrigiert werden. Auch diese Lösungen haben das Laborstadium noch nicht verlassen.

Bei einer weiteren Strategie ist der taktile Sensor im Gußputzwerkzeug integriert. Dazu ist es erforderlich, daß das Gußputzwerkzeug nachgiebig am Industrieroboter angeflanscht ist und daß z.B. mit Hilfe eines Druckluftzylinders eine konstante Bearbeitungskraft erzeugt wird /9,25/. Falls bei einem größer werdenden Grat die eingestellte Bearbeitungskraft nicht zum vollständigen Entfernen des Gießgrates ausreicht, wird das Werkzeug zwangsläufig in seiner Nachgiebigkeit in entgegengesetzter Richtung zur Bearbeitungskraft ausgelenkt. Die dadurch eingeleitete und meßtechnisch einfach erfaßbare Auslenkung kann als zu großer Grat interpretiert werden. Um diesen Grat trotzdem vollständig zu entfernen, besteht nunmehr die Möglichkeit, die entsprechenden Konturen des Gußteiles durch mehrmaliges und gezieltes Wiederholen des Gußputzvorganges in diesen Bereichen zu entgraten. Auch bei dieser Strategie kann jedoch, wie bei der Geschwindigkeitssteuerung mit dem Kraft-Momenten-Sensor, nicht zwischen einem zu großen Grat und einer Form- oder Spanntoleranz differenziert werden.

Die beschriebenen Strategien bieten mit Sicherheit interessante Ansätze zur Kompensation von Form-, Spann- und Grattoleranzen beim Einsatz von Gußputzrobotern. Beim derzeitigen Entwicklungsstand der industriell eingesetzten Industrierobotersteuerungen ist jedoch eine praktische Anwendung dieser Strategien kaum möglich. Deshalb wurde bei der Ermittlung der

Bewertungs- und Entscheidungskriterien für das vorliegende Planungsinstrumentarium der Einsatz solcher Gußputzroboter vorausgesetzt, mit denen lediglich eine flexible Programmierung unterschiedlicher Bewegungsabläufe möglich ist, ohne daß beim Gußputzvorgang eine regelungstechnische Kompensation der erwähnten Gußteiltoleranzen erfolgt. Bei fortschreitender Entwicklung der adaptiven Gußputzstrategien können diese Bewertungs- und Entscheidungskriterien jedoch jederzeit den neuen Randbedingungen angepaßt werden.

3 PROBLEMSTELLUNG UND ABGRENZUNG DES UNTERSUCHUNGSBEREICHES

3.1 Gliederung der technischen Einflußgrößen

Ein Industrieroboter-Arbeitsplatz zum Gußputzen besteht aus einer Vielzahl einzelner Komponenten.

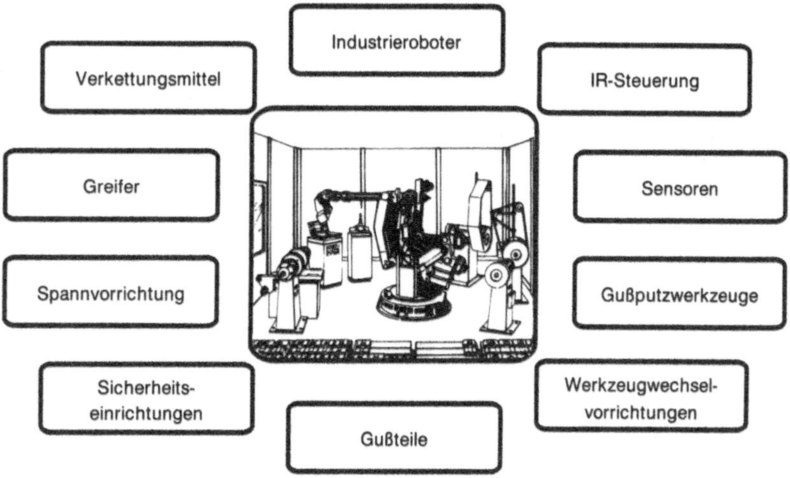

Bild 5: Die wichtigsten Komponenten eines Industrieroboter-Arbeitsplatzes zum Gußputzen

Die wesentlichen technischen Einflußgrößen, die bereits im Planungsstadium vor dem Einsatz eines Gußputzroboters beachtet werden müssen, können wie folgt eingeteilt werden:

- gußteilbezogene Einflußgrößen,
- verfahrensbezogene Einflußgrößen,
- Anforderungen an die einzusetzenden Gußputzroboter und
- sonstige Einflußgrößen wie Raum, Materialfluß, Sicherheitstechnik usw.

Zur Entwicklung der Vorgehensweise für die werkstückorientierte Verfahrensauswahl werden in der vorliegenden Arbeit im wesentlichen die gußteilbezogenen und die verfahrensbezogenen Randbedingungen untersucht und bewertet. Daraus ergeben sich dann die Anforderungen an die Gußputzroboter /14/ und an das Umfeld (Raum, Materialfluß usw.).

3.2 Gußteilbezogene Einflußgrößen

Die Gestaltung der Gußteile spielt beim Einsatz von Industrierobotern zum Gußputzen eine weitaus bedeutendere Rolle als beim herkömmlichen manuellen Gußputzen.

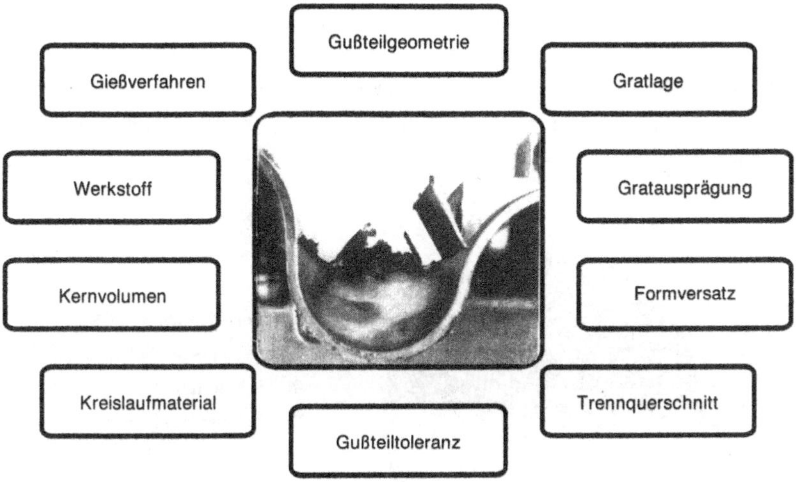

Bild 6: Gußteilbezogene Einflußgrößen beim Gußputzen mit Industrierobotern

So ist z.B. die Zugänglichkeit zu den einzelnen Graten ein wichtiges Kriterium, insbesondere deshalb, weil Industrieroboter auch nicht annähernd über die gleichen Bewegungsmöglichkeiten wie der Mensch verfügen. Außerdem ist bei einer schlechten Zugänglichkeit zu den einzelnen Graten des Werkstückes der Programmieraufwand außerordentlich groß. Dadurch kann letztendlich die Wirtschaftlichkeit des Robotereinsatzes in Frage gestellt werden.

Neben der Zugänglichkeit zu den Graten sind Gußteile auch durch die Gratausprägungen, die Trennquerschnitte usw., die den Industrierobotereinsatz zum Gußputzen beeinflussen oder beeinträchtigen, gekennzeichnet. Zum Teil wurden diesbezüglich bereits Untersuchungen durchgeführt /9/. Eine systematische Vorgehensweise zur Bewertung aller durch das Gußteil bedingten Einflußfaktoren stand bisher jedoch noch nicht zur Verfügung.

3.3 Robotergerechte Gußputzverfahren

Für das Gußputzen mit Industrierobotern werden, je nach Gratausprägung, sowohl trennende als auch abtragende Verfahren eingesetzt /1,26,27/.

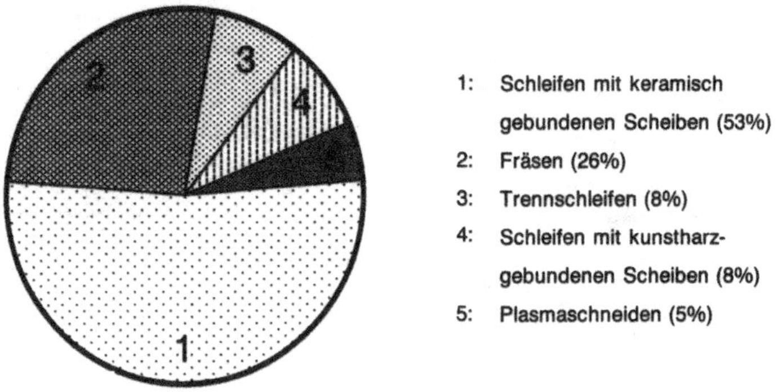

Bild 7: Verteilung der derzeit beim Gußputzen mit Industrierobotern eingesetzten Verfahren (Summe = 40) /28/

In vielen Fällen entsprechen die heute eingesetzten Werkzeuge und Verfahren nicht den spezifischen Anforderungen beim Gußputzen mit Industrierobotern. Oft werden beim Industrierobotereinsatz konventionelle Handwerkzeuge verwendet, mit denen die entsprechenden Aufgaben bereits vor der Automatisierung manuell durchgeführt wurden. Diese Werkzeuge sind jedoch unter Berücksichtigung ergonomischer Gesichtspunkte gestaltet. Beim Gußputzen mit Industrierobotern gelten völlig neue Randbedingungen (andere Leistungsbereiche, andere Drehzahlen, Möglichkeiten zur Befestigung), so daß zwangsläufig auch spezielle, "robotonomische" Werkzeuge erforderlich sind. Bisher wurde dies aufgrund mangelnder Erfahrung bei der Planung von Industrieroboter-Einsatzfällen zum Gußputzen kaum berücksichtigt.

Beim manuellen Gußputzen erfolgt ferner die Auswahl geeigneter Werkzeuge aufgrund weniger Kriterien wie z.B. Leistung, Handhabbarkeit (Ergonomie), Eignung für die jeweiligen Werkstoffe und Investitionsaufwand bzw. Betriebskosten. Bisher werden für die Verfahrensauswahl beim Einsatz von Industrierobotern i.a. ähnliche Kriterien verwendet, ohne daß dabei jedoch solche Faktoren wie die statischen und dynamischen Eigenschaften der Industrieroboter berücksichtigt werden. Zunächst muß jedoch prinzipiell geklärt werden, ob unter Berücksichtigung der Bewegungsmöglichkeiten des Industrieroboters die zu entfernenden Grate mit den jeweiligen Werkzeugen zugänglich sind und ob die bei diesem Werkzeug auftretenden Handhabungs- und Reaktionskräfte im Bereich der mechanischen Leistungsgrenzen des Industrieroboters liegen /29,30,31/.

In der folgenden Übersicht sind die wichtigsten Faktoren, die bei der robotergerechten Werkzeug- und Verfahrensauswahl berücksichtigt werden müssen, dargestellt.

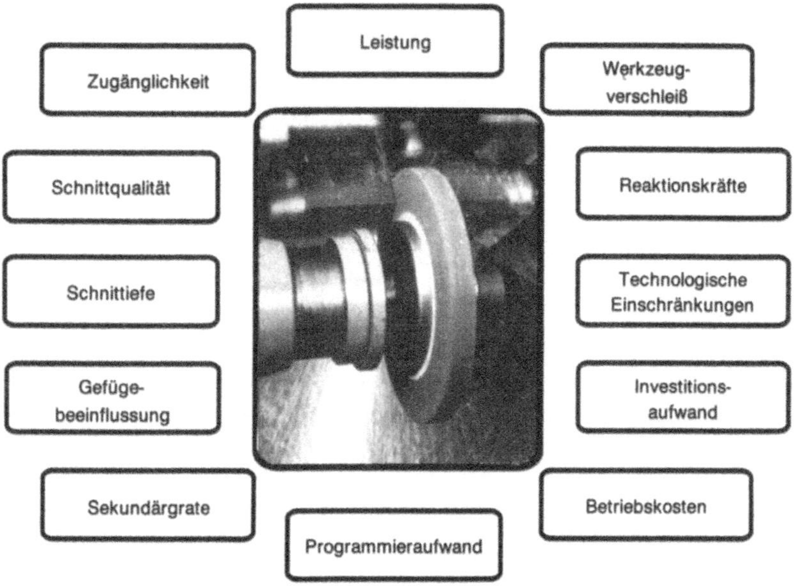

Bild 8: Technische Einflußgrößen bei der Bewertung von Gußputzverfahren für den Industrierobotereinsatz

Die erstmals durchgeführte systematische Untersuchung der technischen Parameter einzelner Gußputzverfahren im Hinblick auf den Gußputzrobotereinsatz ist die Voraussetzung für die Entwicklung einer Vorgehensweise zur werkstückorientierten und objektiven Verfahrensauswahl.

3.4 Entwicklung einer Vorgehensweise zur werkstückorientierten Verfahrensauswahl für das Gußputzen mit Industrierobotern

Durch Verknüpfung der Ergebnisse der Gußteilanalyse mit den Leistungsdaten der einzelnen Gußputzverfahren ist erstmals eine optimale und werkstückorientierte Verfahrensauswahl möglich.

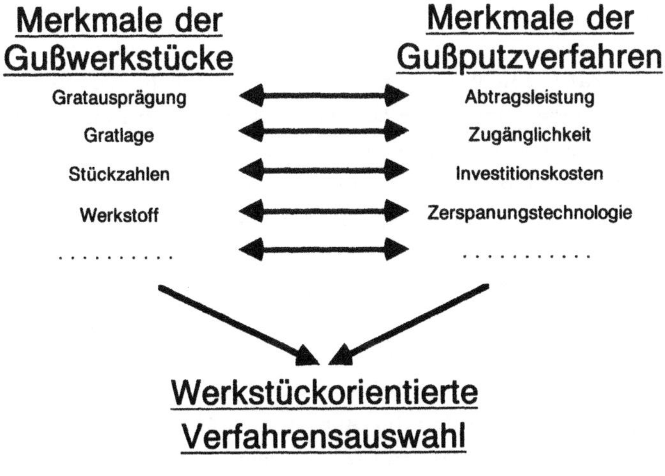

Bild 9: Darstellung der wesentlichen Zusammenhänge zwischen den einzelnen Gußteilmerkmalen und den Leistungsdaten der unterschiedlichen Gußputzverfahren

Bedingt durch die Vielzahl der zu berücksichtigenden Faktoren und die komplexen technischen Zusammenhänge muß für diese Verfahrensauswahl eine systematische Vorgehensweise entwickelt werden. Der Einsatz eines Rechners ermöglicht dabei eine effektive Handhabung der entwickelten Methode.

4 UNTERSUCHUNG UND BEWERTUNG VON GUSSWERKSTÜCKEN IM HINBLICK AUF DEN EINSATZ VON GUSSPUTZROBOTERN

4.1 Beschreibung des Bewertungssystems

4.1.1 Anforderungen an das Bewertungssystem

In der Vergangenheit wurden Gußteile bereits vielfach und aus unterschiedlichen Gründen analysiert und klassifiziert /32/. Ziel dieser Untersuchungen war dabei i.a. die Erarbeitung einer Vorgehensweise zur Kalkulation der Herstellungskosten /33,34/. Meist wurde bei diesen Untersuchungen allerdings nur ein bestimmtes Gießverfahren berücksichtigt und nur eine geringe Anzahl von Parametern variiert. Mit Hilfe von Korrelationsrechnungen war dann teilweise die Ermittlung signifikanter Zusammenhänge möglich. So konnte z.B. ein Zusammenhang zwischen dem prozentualen Anteil des Kreislaufmaterials am Gußgewicht und den Putzkosten nachgewiesen werden /35,36/.

Diese Klassifikationssysteme sind jedoch für eine systematische Untersuchung von Gußteilen im Hinblick auf die Verfahrensauswahl beim Einsatz von Gußputzrobotern nicht geeignet, so daß die Entwicklung eines neuen Bewertungsverfahrens erforderlich ist. Die Ergebnisse der Gußteilbewertung bilden die Grundlage für die weitere Planung und Verfahrensauswahl, so daß an die zu untersuchenden Kriterien bestimmte Anforderungen gestellt werden.

- Allgemeingültigkeit der Daten
  Die untersuchten Kriterien sollen im Sinne der Übertragbarkeit und Vergleichbarkeit zwischen verschiedenen Gußteilen allgemeingültig und nicht nur für spezielle Gußwerkstücke oder Gußputzverfahren aussagekräftig sein.

- Objektivität
  Die Untersuchung muß sich auf möglichst objektiv meßbare Merkmale beziehen.

- Verfügbarkeit der Basisdaten
  Es sollen zur Untersuchung und Bewertung der Gußwerkstücke nach Möglichkeit nur Daten verwendet werden, die in den Gießereien bereits vorliegen und verfügbar sind, ohne daß umfangreiche Messungen und Erfassungen an den Werkstücken selber erforderlich sind. Diese Daten gehören normalerweise zu den Unterlagen der Arbeitsvorbereitung.

- Verfahrensunabhängigkeit
  Bei der Untersuchung und Bewertung der Gußwerkstücke für den Einsatz von Gußputzrobotern muß, soweit möglich, auf die Untersuchung von Kriterien verzichtet werden, deren Bewertung abhängig ist von dem später auszuwählenden Gußputzverfahren.

- Unabhängigkeit von Industrieroboter-Kinematiken und Industrieroboter-Steuerungen
  Bei dem Bewertungsverfahren muß sinnvollerweise vom derzeitigen Stand der Technik der in der industriellen Praxis eingesetzten Industrieroboter und ihrer Steuerungen ausgegangen werden. Die Bewertungsparameter sind jedoch so zu wählen, daß sie den zu erwartenden Entwicklungen angepaßt werden können, die insbesondere im Bereich der Steuerungstechnik mittelfristig mit Sicherheit völlig neue Ansätze und Lösungsmöglichkeiten im Hinblick auf eine adaptive Steuerung von Gußputzprozessen ermöglichen werden.

4.1.2 Kriterien zur Bewertung von Gußwerkstücken

Zur Untersuchung und Bewertung von Gußwerkstücken werden die Randbedingungen, die beim Gußputzen mit Industrierobotern zu berücksichtigen sind, in zwei Gruppen gegliedert.

Gußteilspezifische Randbedingungen ermöglichen eine Aussage über das Werkstück als Ganzes, während gratspezifische Randbedingungen sich jeweils auf die einzelnen Grate beziehen.

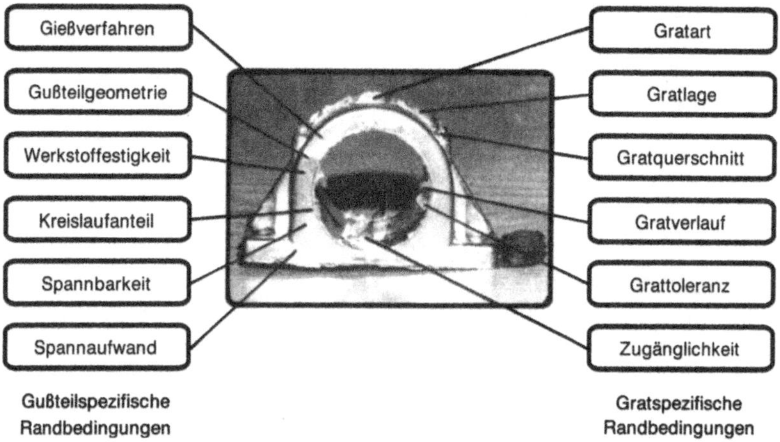

Bild 10: Gegenüberstellung der allgemeinen gußteilspezifischen Randbedingungen und der gratspezifischen Randbedingungen beim Gußputzen mit Industrierobotern

4.1.3 Vorgehensweise bei der Bewertung

Zur Gewährleistung der Vergleichbarkeit der verschiedenen Bewertungsergebnisse und zur Ermittlung einer Gesamtbewertung ist eine Normierung der untersuchten Parameter notwendig. Teilweise ist dazu eine quantitative Erfassung der einzelnen Merkmale möglich. Einige Merkmale können allerdings nur durch Einstufung in verschiedene Klassen bewertet werden, so daß keine absolute Meßzahl zur Verfügung steht. In Anlehnung an verschiedene, bereits existierende Bewertungsverfahren soll dazu eine normierte Bewertungszahl definiert werden /37,38/. Jedem einzelnen Gußteilmerkmal "x" wird dabei im folgenden eine Bewertungszahl Q_X zugeordnet. Die Bewertungszahlen der einzelnen Merkmale werden dann sukzessiv zur Ermittlung der

Gesamtbewertung einzelner Grate (Q_{gr}) und danach zur Ermittlung der Bewertungskennzahl Q des gesamten Gußteiles miteinander verknüpft.

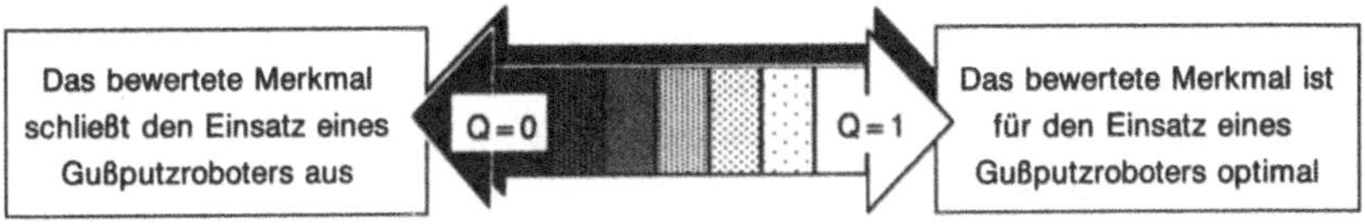

Bild 11: Definition der Kennzahl Q für die Bewertung von Gußteilen

4.2 Untersuchung und Bewertung der allgemeinen gußwerkstückbezogenen Einflußgrößen

4.2.1 Unterschiedliche Werkstoffe

In der vorliegenden Arbeit werden die fünf wichtigsten Gußwerkstoffe untersucht:

- Eisenguß mit Kugelgraphit	GGG
- Eisenguß mit Lamellengraphit	GGL
- Stahlguß	GS
- Temperguß	GT
- Nichteisenmetalle	NE

Es hat sich gezeigt, daß bei der Untersuchung der allgemeinen "Robotertauglichkeit" eines Gußteiles (ist ein sinnvoller Einsatz eines Gußputzroboters überhaupt möglich oder nicht?) die Frage des jeweiligen Gußwerkstoffes nur eine unwesentliche Rolle spielt. Deshalb wird, im Gegensatz zu den in den folgenden Abschnitten untersuchten Merkmalen, dem Gußwerkstoff keine Bewertungskennzahl zugeordnet.

Eine Erfassung des Gußwerkstoffes ist jedoch trotzdem notwendig, damit in dem auf die Gußteilanalyse folgenden Planungsschritt eine sinnvolle Verfahrensauswahl möglich ist.

4.2.2 Untersuchung der verschiedenen Gießverfahren

Die Möglichkeit des Industrierobotereinsatzes zum Gußputzen eines bestimmten Gußteiles wird unter anderem durch die jeweils eingesetzte Gieß- und Formtechnologie und der damit erreichbaren Genauigkeit beeinflußt. Gußteile werden in sehr unterschiedlichen Genauigkeitsklassen gegossen /39,40,41,42, 43,44,45,46/.

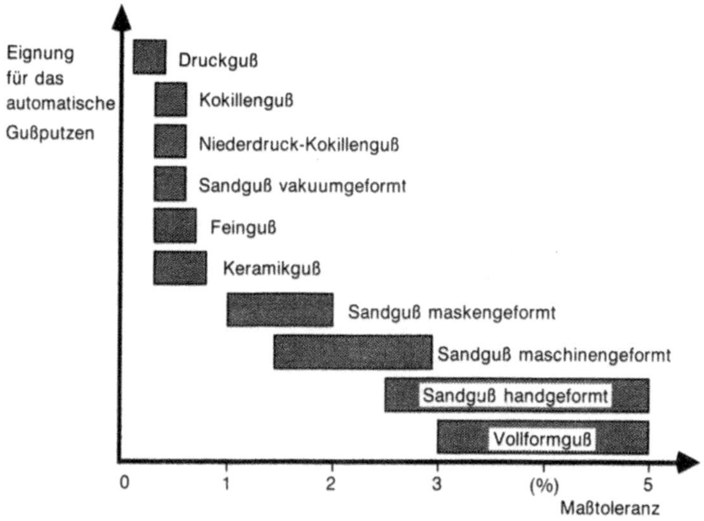

Bild 12: Toleranzbereiche der wichtigsten Gießverfahren

Bei der Automatisierung des Gußputzens ist nicht die relative Toleranz, sondern vielmehr die absolut erreichbare Genauigkeit des betreffenden Gußteiles relevant. Die absolute Genauigkeit könnte durch aufwendige und statistisch abgesicherte

Meßreihen ermittelt werden. Für die vorliegenden Zwecke genügt es, die nach den jeweiligen Normen zulässigen Maßtoleranzen zu verwenden. Dabei ist dann jedoch eine Umrechnung der prozentual bekannten Genauigkeitsklassen in werkstückbezogene absolute Maße (z.B. bezogen auf die Raumdiagonale) erforderlich.

$$T_{abs} = \frac{T_{rel} \times \sqrt{l_{gt}^2 + b_{gt}^2 + h_{gt}^2}}{100} \quad \text{(mm)}$$

T_{abs} = Absolute Gußteiltoleranz (mm)
T_{rel} = Relative Gußteiltoleranz (%)
l_{gt} = Länge des Gußteiles (mm)
b_{gt} = Breite des Gußteiles (mm)
h_{gt} = Höhe des Gußteiles (mm)

Unter Berücksichtigung der Definition der Bewertungszahl Q ergibt sich zur normierten Bewertung der Formtoleranz Q_{ft} folgende Abhängigkeit:

$$Q_{ft} = \frac{1 \quad \text{(mm)}}{1 + T_{abs} \quad \text{(mm)}}$$

$$Q_{ft} = \frac{100}{100 + T_{rel} \times \sqrt{l_{gt}^2 + b_{gt}^2 + h_{gt}^2}}$$

Q_{ft} = Kennzahl zur Bewertung der Formtoleranz eines Gußteiles

Der tatsächliche Einfluß der absoluten Gußteiltoleranz auf das mit einem Industrieroboter erreichbare Gußputzergebnis und auf den dazu erforderlichen Aufwand ist im Gegensatz zu der Forderung in Abschnitt 4.1.1 in gewisser Weise verfahrensabhängig. So sind große Gußteiltoleranzen beim Einsatz des Bürstverfahrens mit Sicherheit anders zu bewerten als beim Fräsen. Große Gußteiltoleranzen verursachen jedoch auch weitreichende Probleme bei der Teilebereitstellung, dem Positionieren und dem Spannen der Werkstücke. Somit besteht beim derzeitigen Stand der Technik sehr wohl ein direkter Zusammenhang zwischen den absoluten Gußteiltoleranzen und dem Gesamtaufwand, der bei der Automatisierung von Gußputzaufgaben mit einem Industrieroboter erforderlich ist.

In Zukunft werden die Sensorsysteme zur Kompensation großer Gußteiltoleranzen beim Einsatz von Gußputzrobotern aufgrund der Entwicklungen im Rechner- und Steuerungsbereich mit Sicherheit das derzeitige Laborstadium verlassen. Bei der Ermittlung des Bewertungsfaktors "Gußteiltoleranz" kann dieser Entwicklung durch eine Änderung der Gewichtung (siehe Bild 20) jederzeit Rechnung getragen werden.

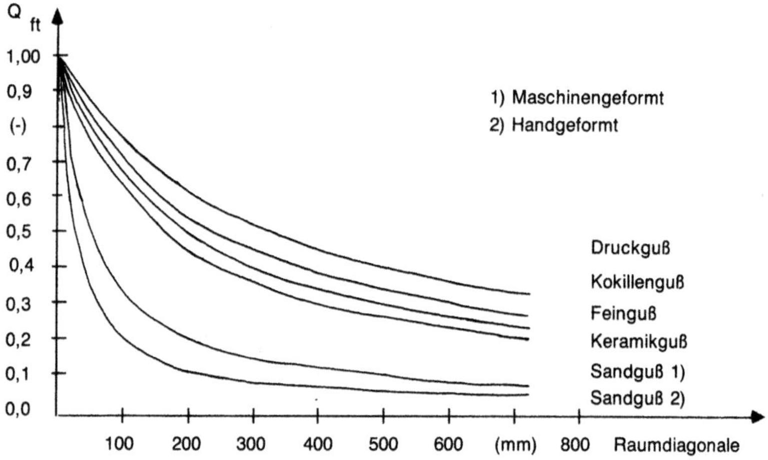

Bild 13: Bewertung der Gußteiltoleranz unter Berücksichtigung der Gußteilabmessungen und des Gießverfahrens

4.2.3 Geometrische Komplexität der Gußwerkstücke

Die geometrische Komplexität der Gußteile ist ein weiteres Bewertungskriterium von Gußteilen im Hinblick auf das Gußputzen mit Industrierobotern /47/. Sie ist u.a. abhängig von dem Umfang der im Gußteil liegenden Hohlräume. Die geometrische Komplexität kann zur quantitativen Bewertung aus dem Quotienten zwischen dem tatsächlichen Gußteilvolumen V_{gt} und dem jeweiligen Quaderhüllvolumen V_{qu} abgeleitet werden. Das Quaderhüllvolumen ist dabei als Produkt der orthogonal zueinander stehenden maximalen Außenabmessungen Länge, Breite und Höhe des fertig geputzten Werkstückes definiert.

$$V_{gt} = \frac{G_{gt}}{D_{gt}} \qquad mm^3$$

$$V_{qu} = l_{gt} \cdot b_{gt} \cdot h_{gt} \qquad mm^3$$

$$Q_{gk} = \frac{V_{gt}}{V_{qu}}$$

V_{gt} = Volumen des Gußteiles (mm^3)
V_{qu} = Quaderhüllvolumen des Gußteiles (mm^3)
Q_{gk} = Kennzahl zur Bewertung der geometrischen Komplexität eines Gußteiles
G_{gt} = Gewicht des Gußteiles (N)
D_{gt} = Spezifisches Gewicht des Werkstoffes (N/mm^3)
l_{gt} = Länge des Gußteiles (mm)
b_{gt} = Breite des Gußteiles (mm)
h_{gt} = Höhe des Gußteiles (mm)

Der Bewertungsfaktor "geometrische Komplexität" ermöglicht lediglich eine allgemeine Aussage über den Schwierigkeitsgrad bei der Automatisierung des Gußputzens. Im allgemeinen (bis auf wenige Ausnahmen) liegt bei Gußteilen, die gemäß der gewählten Definition geometrisch komplex sind, eine Vielzahl von Graten in innenliegenden und schwer zugänglichen Bereichen (siehe Beispiel in Bild 14), so daß der Gußputzaufwand unverhältnismäßig groß wird. Aufgrund der Zielsetzung, den

Datenerfassungsaufwand im ersten und allgemeinen Teil der Gußteilanalyse weitgehend zu minimieren, erscheint diese Vereinfachung bei der Erfassung und Bewertung der geometrischen Komplexität jedoch statthaft. Eine detaillierte und wesentlich genauere Erfassung der erforderlichen Daten ist im zweiten Teil der Gußteilanalyse vorgesehen. Dabei besteht dann die Möglichkeit, die verschiedenen gratspezifischen Randbedingungen einzeln zu erfassen und zu untersuchen.

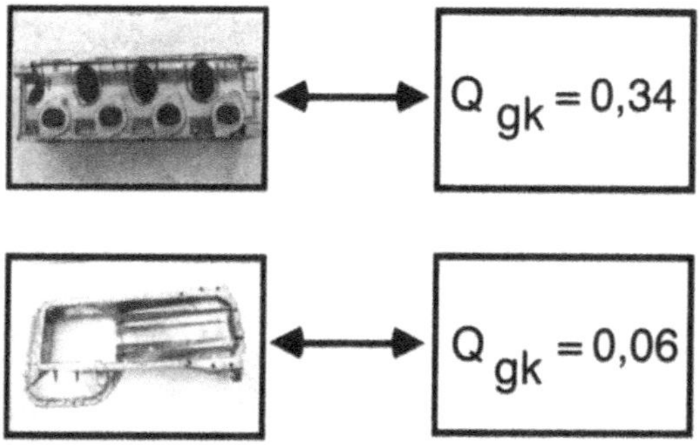

Bild 14: Quantitative Bewertung der geometrischen Komplexität einiger beispielhafter Gußteile

4.2.4 Einfluß des Kreislaufmaterialanteils

Das Kreislaufmaterial (siehe Kapitel 2.1.2) kann im allgemeinen mit trennenden Verfahren (z.B. mit Sägen, aber auch durch Abschlagen) entfernt werden. Der eigentliche Bearbeitungs- bzw. Putzvorgang ist dabei im Vergleich zum Entfernen von Gießgraten unproblematisch. Schwierig wird bei zunehmender Größe des Angußsystems die Handhabung des Gußteiles und das Entfernen der Reste des Angußsystems nach dem Trennen. Dieser Tatsache kann unter Berücksichtigung der Definition der Bewertungskennzahl durch folgende Bewertung Rechnung getragen werden.

$$Q_{ka} = \frac{\text{Gewicht des geputzten Gußteiles}}{\text{Gewicht des ungeputzten Gußteiles}} = \frac{G_{gt,b}}{G_{gt,u}}$$

Q_{ka} = Kennzahl zur Bewertung des Kreislaufmaterialanteils eines Gußteiles
$G_{gt,b}$ = Gewicht des geputzten Gußteiles (N)
$G_{gt,u}$ = Gewicht des ungeputzten Gußteiles (N)

Bei $Q_{ka} \hat{=} 1$ entspricht das Gewicht des geputzten Gußteiles dem Gewicht des ungeputzten Gußteiles, so daß der Gußputzvorgang nicht durch Kreislaufmaterial beeinträchtigt wird. Somit treten auch keine Probleme bei der Entsorgung des Kreislaufmaterials (das oft sehr unförmig ist) auf.

Bei $Q_{ka} \hat{=} 0{,}5$ entspricht das Gewicht des Kreislaufmaterials dem Gewicht des geputzten Gußteiles. Beim Gußputzen ist es dabei im allgemeinen erforderlich, daß an einer Vielzahl unterschiedlicher Stellen Kreislaufmaterial abgetrennt wird. Der Programmieraufwand beim Einsatz trennender Gußputzverfahren ist außerdem meist größer als bei abtragenden Gußputzverfahren (Problematik der Handhabung großer Trennscheiben, teilweise ist Nacharbeit erforderlich). Ferner muß das abgetrennte Kreislaufmaterial vom Arbeitsplatz entfernt werden, so daß insgesamt der Aufwand zur Automatisierung des Gußputzens bei $Q_{ka} \ll 1$ entsprechend größer wird.

Der Schwierigkeitsgrad nimmt bis $Q_{ka} \rightarrow 0$ weiter zu. In dieser Extremsituation, die gießtechnisch kaum vorkommen dürfte, ist das Gießsystem um ein Vielfaches größer als das eigentliche Gußteil. Hier treten insbesondere beim Spannen der Gußteile und der Entsorgung des abgetrennten Materials große Probleme auf.

Eine detaillierte Bewertung des tatsächlichen Trennaufwandes und der dabei auftretenden Probleme erfolgt im Rahmen der gratbezogenen Gußteilanalyse (Kapitel 4.3).

4.2.5 Aufwand für Spannvorrichtungen und Greifer

Im Gegensatz zum manuellen Gußputzen müssen die Gußteile beim Einsatz von Gußputzrobotern möglichst genau und reproduzierbar im Arbeitsbereich des Industrieroboters fixiert werden.

Grundsätzlich besteht die Möglichkeit, Gußteile zur Verbesserung der Spannbarkeit zu "justieren". Dazu wird das Rohgußteil in eine "Justiermaschine" eingelegt und an den sogenannten und vorher festgelegten "Justierstellen" spanend bearbeitet. In praktischen Vergleichsmessungen, die speziell im Hinblick auf die Reproduzierbarkeit des Spannvorganges für das Gußputzen mit einem Industrieroboter durchgeführt wurden, konnte jedoch nachgewiesen werden, daß die Lage eines Gußteiles beim Spannen an unbearbeiteten Stellen im allgemeinen wesentlich genauer definiert werden kann als beim Spannen mit Hilfe dieser "justierten" Referenzpunkte /28/.

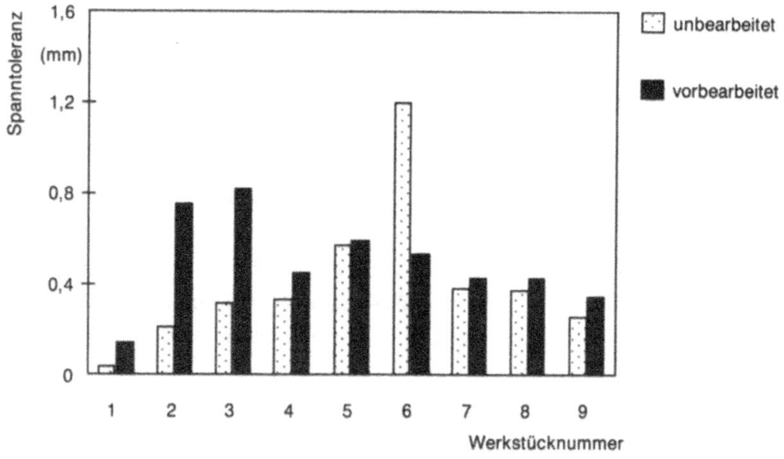

Bild 15: Vergleichende Messungen der Spanngenauigkeiten beim Spannen an vorbearbeiteten und an unbearbeiteten Spannflächen

Dies ergibt sich daraus, daß die Gußteile unter den üblichen Produktionsbedingungen nur sehr ungenau in die Justiermaschine eingelegt werden. Beim erneuten Spannen für das Gußputzen mit einem Industrieroboter an den solchermaßen bereits toleranzbehafteten "Referenzpunkten" ergibt sich somit eine Summierung von zwei Toleranzen und eine größere Ungenauigkeit als beim Spannen an sauber gegossenen Referenzflächen des Gußteiles.

Zum Spannen an unbearbeiteten Gußteilflächen bieten sich sowohl formschlüssige als auch kraftschlüssige Spannvorrichtungen an /48/.

Soweit machbar, sollten die Gußteile mit Hilfe möglichst einfacher Anschläge positioniert und kraftschlüssig fixiert werden. Falls eine solche Anschlagfläche am Gußteil nicht vorhanden ist bzw. nicht genutzt werden kann, bietet sich die Anwendung kombinierter form- und kraftschlüssiger Spannvorrichtungen an. Dazu muß ein gratfreier und möglichst genau gegossener Bereich des Gußteiles mit Hilfe eines entsprechenden schlagfesten und zähen Kunststoffes abgeformt werden. Ein rein formschlüssiges Spannen ist wegen der Formtoleranzen der Gußwerkstücke oft nicht möglich. Durch die großen Abmessungen solcher Spannsysteme wird dabei außerdem die Zugänglichkeit zum Gußteil sehr stark eingeschränkt.

Eine quantitative Bewertung der Spannkomplexität beliebiger Gußteile ist aufgrund der Vielzahl von Merkmalen, die die Spannbarkeit beeinflussen, nicht möglich. Zur Bewertung der Spannbarkeit im Hinblick auf eine Automatisierung des Gußputzens wurde deshalb eine tabellarische Zuordnung zu drei Klassifikationsgruppen gewählt.

	Alle Gußputzarbeiten können in einer Spannvorrichtung, ohne Umspannen, durchgeführt werden	Alle Gußputzarbeiten können in einer Spannvorrichtung erfolgen, Umspannen ist erforderlich	Mehr als eine Spannvorrichtung erforderlich
Gußteil einfach zu spannen, Referenzflächen vorhanden	1,0	0,7	0,4
Großer Spannaufwand, keine Referenzflächen, Einsatz von Formbacken erforderlich	0,7	0,4	0,1
Spannen ohne Einschränkung der Zugänglichkeit bei vertretbarem Aufwand nicht möglich	0,0	0,0	0,0

Bild 16: Bewertung des Aufwandes für die Gußteilspannvorrichtungen bzw. Greifer

Unabhängig davon, ob das Gußteil einfach oder schwierig gespannt werden kann, muß außerdem der Aufwand bezüglich der notwendigen Anzahl von Spannvorrichtungen berücksichtigt werden. Der Gußputzaufwand erstreckt sich im allgemeinen über die gesamte Außenkontur der Gußteile, so daß beim Einspannen in einer Spannvorrichtung i.a. ein Teil der Gußgrate verdeckt und nicht mehr erreichbar ist. Beim automatisierten Gußputzen ist nun eine zweite Spannvorrichtung oder ein zweiter Greifer für das Gußteil erforderlich; die Zeit, die dann in der Produktion für Umspannvorgänge benötigt wird, verlängert dabei die Taktzeit und beeinträchtigt die Wirtschaftlichkeit. Zum Teil können für die zweite Aufspannung dieselben Vorrichtungen verwendet werden. Oft müssen jedoch für ein Gußteil mehrere Spannvorrichtungen angefertigt werden.

4.3 Untersuchung und Bewertung der geometrischen Merkmale einzelner Grate

4.3.1 Gratarten und Gratformen

Die beim Gußputzen zu entfernenden Grate und Metallteile werden beim Gießprozeß erzeugt und lassen sich nach dem Verursachungsprinzip gliedern /15,48,49/.

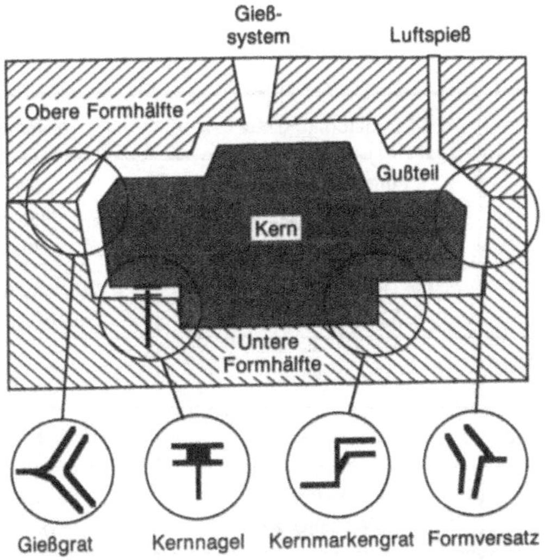

Bild 17: Übersicht über mögliche Gratformen und die Ursache ihrer Entstehung

Die Ursachen für die Gratentstehung sind sehr vielfältig. Für das Gußputzen ist jedoch weniger die Gratentstehung als die Gratausprägung relevant. Im Hinblick auf die Automatisierung und die dabei vorliegenden Problemstellungen war deshalb eine Einteilung der Gratarten in zwei Klassen erforderlich.

Ungeformte Grate sind Grate, die in ihrer Ausprägung von stochastischen Fertigungstoleranzen bei der Formherstellung abhängig sind (z.B. Formtrennungsgrat, Kernmarkengrat, Formversatz). Die Gratausprägung unterliegt, je nach Formherstellungsverfahren, großen Schwankungen.

Geformte Grate werden aus verfahrenstechnischen Gründen bei der Formherstellung mit eingeplant (z.B. Gießsystem, Entlüftungssystem, Kernnägel). Die geometrische Ausprägung dieser Grate ist definiert und unterliegt nur sehr geringen Schwankungen.

	Ungeformte Grate	Geformte Grate
Beispiele	Formtrennungsgrat Kernmarkengrat Formversatz	Gießsystem Entlüftungssystem Kernnägel
Häufigkeit des Auftretens	Die Grate treten nicht an jedem Werkstück auf	Die Grate treten an jedem Werkstück auf
Gratquerschnitt am Gratfuß	klein	groß
Gratausprägung	große Toleranzen	kleine Toleranzen
Gußputz-verfahren	spanend (z.B. Schleifen)	zerteilend (z.B. Sägen)
Abfall	Späne, Formsand	Kreislaufmaterial
Gratvolumen	gering	groß

Bild 18: Gegenüberstellung von geformten und ungeformten Graten

Aus Bild 18 ergibt sich, daß im Hinblick auf das Gußputzen mit Industrierobotern eine Differenzierung der Gießgrate in geformte und ungeformte Grate ausreicht. Dieser Tatsache wurde im übrigen bereits bei der Untersuchung des Kreislaufmaterialanteils (siehe Abschnitt 4.2.4) Rechnung getragen. Deshalb muß bei der Gratanalyse, bei der nicht mehr das Gußteil in seiner Gesamtheit, sondern nur noch einzelne Grate untersucht werden, keine weitere quantitative Bewertung der Gratart erfolgen. Trotzdem ist die wertfreie Erfassung eines jeden einzelnen Grates wichtig, da diese Informationen für die nach der Gußteilanalyse und -bewertung zu erfolgende systematische Gußputzverfahrensauswahl erforderlich sind. Dabei muß dann bei geformten Graten für die Leistungsabschätzung der gewählten Verfahren außerdem die geometrische Gestaltung des Gratquerschnittes (rund oder rechteckig) erfaßt werden.

4.3.2 Gratlänge

Im Rahmen der Gußteilanalyse wird jeder einzelne Grat untersucht und bewertet. Die Ergebnisse werden dann durch Mittelwertbildung zu einer Gesamtbeurteilung des Gußteiles zusammengefaßt. Dabei sollte die Länge der einzelnen Grate berücksichtigt werden, damit das Gesamtergebnis nicht durch sehr kleine oder sehr große Grate, die gleichzeitig eine sehr gute oder sehr schlechte Bewertung erhalten haben, verzerrt wird. Diese "Gewichtung" der einzelnen Gratbewertungen erfolgt rechnerisch, indem bei der Gesamtbewertung des Gußteiles der Anteil eines jeden einzelnen Grates an der gesamten Gratlänge berücksichtigt wird.

4.3.3 Gratbreite und Gratquerschnitt

Die Erfassung der Gratquerschnittes (geformt und ungeformt) ist im Hinblick auf die zu erfolgende Verfahrensauswahl erforderlich. Bei der Bewertung eines Gußteiles im Hinblick auf den Einsatz von Gußputzrobotern sind diese Daten nicht zu berücksichtigen, da bei geeigneter Werkzeugauswahl auch Grate mit großem Querschnitt entfernt werden können.

Wesentliche Faktoren für die Bewertung sind hingegen die Toleranzen der Gratflächen bzw. Gratbreiten. Während Grate mit konstantem Querschnitt relativ einfach entfernt werden können, nimmt der Aufwand bei zunehmender Toleranz zu. Bisher wurden noch keine Systeme zur Kompensation von großen Gratttoleranzen in der Praxis eingesetzt. Auch zukünftig, wenn solche Systeme durch den Einsatz moderner Rechner eher realisiert werden können, ist zum Gußputzen von Graten mit großen Toleranzen auch ein größerer Aufwand erforderlich, der sich dann allerdings weniger in einem größeren technischen Aufwand als vielmehr in einem größeren planerischen Aufwand (Software usw.) auswirkt. Gegebenfalls muß, falls in Zukunft praktisch realisierbare Lösungen zur adaptiven Steuerung von Gußputzrobotern zur Verfügung stehen, das Bewertungsverfahren durch eine Anpassung der Gewichtungsfaktoren (siehe Bild 19) an die neuen Gegebenheiten angepaßt werden.

Zur Bewertung eines Grates im Hinblick auf den Gußputzrobotereinsatz wird für jeden Grat das Verhältnis zwischen minimalem und maximalem Gratquerschnitt bzw. minimaler und maximaler Gratbreite bei unterschiedlichen Gußteilen einer Serie ermittelt (siehe Bild 19).

4.3.4 Formversatz

Ein Formversatz entsteht durch ungenaue Justage der beiden Formhälften vor dem Gießprozeß oder durch ungenaues Einlegen der Kerne (siehe Bild 17). Ein Formversatz fällt grundsätzlich zusammen mit Gießgraten und erschwert die eigentliche Putzarbeit, da zusätzlich zur Gratentfernung ein Ausgleich des Höhenunterschiedes zwischen beiden Gratseiten zu erfolgen hat.

Im allgemeinen kann der Formversatz bei Anwendung eines geeigneten Gußputzverfahrens gleichzeitig mit dem Grat beseitigt werden. Problematisch ist ein Formversatz, der größer ist als die minimal zu erwartende Grathöhe. Zur Bewertung dieses Kriteriums kann der Quotient zwischen minimaler Grathöhe und maximalem Formversatz herangezogen werden (siehe Bild 19).

$$Q_{fv,n} = \frac{h_{gr,n,min}}{h_{fv,n,max}}$$

Bei $h_{fv,n,max} >> h_{gr,n,min}$

wird $Q_{fv,n} \longrightarrow 0,$

da zum Verschleifen von großen Formversätzen die normalen Gußputzverfahren nur bedingt eingesetzt werden können.

Um der vereinbarten Definition der Bewertungskennzahl Q zu entsprechen, gilt zusätzlich die folgende Randbedingung:

Bei $h_{fv,n,max} \leq h_{gr,n,min}$

ist $Q_{fv,n} = 1.$

$h_{fv,n,max}$ = Maximaler Formversatz beim Grat n (mm)
$h_{gr,n,min}$ = Minimale Grathöhe beim Grat n (mm)
$Q_{fv,n}$ = Kennzahl zur Bewertung des Formversatzes $h_{fv,n}$ beim Grat n

Es besteht ein gewisser Zusammenhang zwischen dem gewählten Gußputzverfahren und dem zu entfernenden Formversatz. So sind einzelne Gußputzverfahren mit Sicherheit besser zum Entfernen eines großen Formversatzes geeignet als andere. Dies kann im Stadium der verfahrensunabhängigen Gußteilanalyse jedoch noch nicht bewertet werden. Vielmehr wird erst bei der endgültigen Verfahrensauswahl überprüft, ob die einzelnen Grate mit bestimmten Verfahren bei einem bestimmten Formversatz entfernt werden können.

4.3.5 Grathöhe

Die Bewertung der Grathöhe erfolgt lediglich bei ungeformten Graten, die spanend abgetragen werden, da bei den geformten Graten der Grat in seiner Gesamtheit abgetrennt wird und dabei die Grathöhe irrelevant ist. Zur Bewertung ist, ähnlich wie im Abschnitt 4.3.3, lediglich die Streuung der Grathöhe und nicht die absolute Grathöhe relevant, da die Komplexität der Gußputzaufgaben abhängig ist von dem erforderlichen Aufwand für die Prozeßüberwachung und nicht von der erforderlichen Zerspanungsleistung. Zur Bewertung der Höhe eines Grates im Hinblick auf den Gußputzrobotereinsatz muß deshalb für jeden Grat der Quotient zwischen minimaler und maximaler Grathöhe bei unterschiedlichen Gußteilen einer Serie ermittelt werden (siehe Bild 19).

Bei einer minimalen Grathöhe $h_{gr,min} = 0$ ergibt sich ein Bewertungsfaktor $Q_{ht} = 0$. Dies entspricht dem derzeitigen Stand der Technik, da bisher in der Praxis keine Systeme bekannt sind, mit denen sowohl Grate mit einer Grathöhe von 0 mm als auch Grate mit $h_{gr} > 0$ mm sauber entfernt werden können. Bei $h_{gr} = 0$ mm wird heute aufgrund mangelnder Überwachungsmöglichkeiten im allgemeinen Material des Gußteils abgetragen.

4.3.6 Gratlage

Die Lagetoleranzen der Gießgrate und der sonstigen zu entfernenden Metallteile in Bezug auf das Gußteil sind, im Gegensatz zu z.B. den Toleranzen der Gratausprägung im allgemeinen sehr gering und entsprechen den Formtoleranzen der Gußteile. Hingegen sind die Lagetoleranzen bei den sogenannten Luftpfeifen oder den Kernnägeln (bzw. Kernstützen) oft sehr groß.

Luftpfeifen entstehen durch die im Oberkasten der Sandform nach oben führenden Entlüftungskanäle, die sich beim Gießen mit flüssigem Metall füllen /15/. Die Reproduzierbarkeit der Lage dieser Luftpfeifen hängt davon ab, ob diese Luftpfeifen manuell oder mit Hilfe einer Luftpfeifen-Bohreinrichtung erzeugt worden sind. Zum Teil besteht beim automatisierten Gußputzen die Möglichkeit, Lagetoleranzen durch Einsatz geeigneter Sensoren zu kompensieren. Dies ist allerdings technisch und insbesondere wirtschaftlich (zu große Suchzeiten) nur bei Lagetoleranzen innerhalb enger Grenzen möglich. Bei Gußteilen mit großen Lagetoleranzen der Luftpfeifen muß deshalb geprüft werden, ob nicht durch eine Automatisierung beim Bohren der Entlüftungen in den Sandformen oder durch Anwendung einfacher Hilfsmittel (z.B. Schablonen) eine reproduzierbare Gratlage gewährleistet werden kann.

Ähnliche Probleme liegen bei den Kernnägeln vor. Kernnägel sind metallische Abstützungen von Sandkernen in Formhohlräumen und haben die Aufgabe, den Kern in seiner Lage zu fixieren (siehe Bild 17). Nach dem Entformen des Gußteiles müssen die hervorstehenden Teile der Kernnägel mechanisch entfernt werden. Auch hier gilt, daß bei großen Lagetoleranzen der Kernnägel zuerst geprüft werden sollte, ob diese Toleranzen, die im allgemeinen durch manuelles Setzen der Nägel verursacht werden, nicht durch den Einsatz eines automatischen oder teilautomatischen Kernstützenabsetzgerätes bzw. durch die Anwendung einfacher Hilfsmittel reduziert werden können.

Es kann also mit geringem Aufwand gewährleistet werden, daß die Toleranzen der Gratlage im Bereich der Formtoleranzen des gesamten Gußteiles liegen. Da die Formtoleranzen selber bereits erfaßt und bewertet werden, erübrigt sich somit eine getrennte Bewertung der Gratlage-Toleranzen.

4.3.7 Zugänglichkeit zu den einzelnen Graten

Die Analysen der realisierten Einsatzfälle sowie die Laboruntersuchungen haben ergeben, daß die Zugänglichkeit zu den einzelnen Graten einen wesentlichen Einfluß auf die jeweilige Gesamtkomplexität der Gußputzaufgabe hat. Eine analytische Bewertung der Zugänglichkeit wäre aufgrund geometrisch erfaßbarer Merkmale möglich. Dazu müßten jedoch auch die Randbedingungen des für den jeweiligen Grat einzusetzenden Gußputzverfahrens bekannt sein. Bei der ersten Gußteilbewertung ist aber im allgemeinen die Festlegung auf ein bestimmtes Verfahren für das Entfernen eines jeden einzelnen Grates noch nicht möglich. Dies würde in diesem Analysestadium einen unvertretbaren Arbeitsaufwand verursachen und außerdem zu einer unerwünschten Einschränkung der Anzahl der Lösungsmöglichkeiten führen. Durch eine verfrühte Festlegung auf einzelne Verfahren würde ferner die Objektivität der Gußteilbewertung beeinträchtigt. Somit ist eine quantifizierbare Aussage über die Zugänglichkeit zu einzelnen Graten nicht möglich. Zur Bewertung der Zugänglichkeit erfolgt deshalb eine Klassifizierung in drei Zugänglichkeitsgruppen (Definitionen siehe Bild 19).

4.3.8 Gratverlauf

Das Programmieren eines Industrieroboters geschieht in der Regel am Industrieroboter selber, der somit während dieser Zeit nicht für die Produktion zur Verfügung steht. Durch den dabei entstehenden Produktionsausfall werden hohe Kosten verursacht, so daß der Aufwand für die Programmerstellung die Wirtschaftlichkeit des Gußputzroboter-Einsatz wesentlich beeinflußt. Da eine quantitative Bewertung des Programmieraufwandes in Abhängigkeit der Gratkontur bzw. des Gratverlaufes mit vertretbarem Aufwand kaum möglich ist, erfolgt analog zur Bewertung der Zugänglichkeit eine Klassifikation dieses gratbezogenen Merkmals in drei Gruppen (Definitionen siehe Bild 19).

4.4 Gesamtbewertung von Gußteilen

4.4.1 Entwicklung eines Bewertungssystems zur Verknüpfung der untersuchten Einzelmerkmale

Zur quantitativen und vergleichenden Bewertung des gesamten Gußputzaufwandes eines Gußteiles innerhalb eines bestimmten Gußteilspektrums müssen die bewerteten gratspezifischen Merkmale zusammen mit den bewerteten gußteilspezifischen Merkmalen nach entsprechender Gewichtung miteinander verknüpft werden.

Beschreibung des Merkmals	Kriterium	Bewertung	Gewichtung
Toleranz der Gratausprägung	Breite b_{gr} (mm)	$Q_{bt} = b_{gr,min} / b_{gr,max}$	3
	Fläche A_{gr} (mm ^{2})	$Q_{qt} = A_{gr,min} / A_{gr,max}$	3
Formversatz	Formversatz h_{fv} (mm)	$Q_{fv} = h_{gr,min} / h_{fv,max}$	5
Grathöhe	Höhe h_{gr} (mm)	$Q_{ht} = h_{gr,min} / h_{gr,max}$	6
Zugänglichkeit	Grat auf außenliegender Fläche	$Q_{zu} = 1{,}0$	10
	Grat auf innenliegender Fläche	$Q_{zu} = 0{,}5$	
	Grat ist unzugänglich	$Q_{zu} = 0{,}0$	
Gratverlauf	Entlang einer Geraden	$Q_{gv} = 1{,}0$	3
	Mit geringen Krümmungsradien	$Q_{gv} = 0{,}6$	
	Komplexer Gratverlauf	$Q_{gv} = 0{,}2$	

Bild 19: Kennzahlen zur Bewertung der einzelnen gratbezogenen Merkmale im Hinblick auf das Gußputzen mit einem Industrieroboter

Die Gewichtung der Bewertungskriterien beruht auf einem paarweisen Vergleich sämtlicher gratbezogenen Merkmale. Mit dieser Gewichtung lassen sich für jeden einzelnen Grat Bewertungskennzahlen ermitteln. Unter Berücksichtigung der jeweiligen Gratlänge ergibt sich dann die Kennzahl Q_{gr}, mit der sämtliche gratbezogenen Merkmale eines Gußteils bewertet werden.

Die Bewertungen $Q_{qt,n}$ (Toleranzen der Trennfläche) und $Q_{bt,n}$ (Toleranzen der Gratbreiten) schließen sich gegenseitig aus und können an einem Grat nicht gleichzeitig auftreten. Ferner werden bei dieser Rechnung Grate, die bei der Bewertung der Zugänglichkeit als unzugänglich eingestuft werden ($Q_{zu} = 0$), nicht berücksichtigt, da diese Bewertung den Industrieroboteinsatz zum Gußputzen ausschließt. Die ermittelte gratspezifische Bewertung bezieht sich somit nur auf die Grate mit $Q_{zu} > 0$ und somit nur auf einen bestimmten Prozentsatz der Grate. Dieser Prozentsatz bezieht sich somit auf den Anteil der Grate, bei denen grundsätzlich die Möglichkeit besteht, Gußputzroboter einzusetzen.

Merkmal	Kriterium	Bewertung	Gewichtung
Formtoleranz	Gießverfahren / -toleranz Werkstückabmessungen	$Q_{ft} = \frac{100}{100 + (T_{rel} \times \text{Diagonale})}$	7
Geometrische Komplexität	Werkstückvolumen Hüllvolumen	$Q_{gk} = \frac{\text{Gußteilvolumen}}{\text{Quaderhüllvolumen}}$	7
Kreislaufmaterialanteil	Gußteilgewicht (ungeputzt) Fertiggewicht (geputzt)	$Q_{ka} = \frac{\text{Fertiggewicht}}{\text{Gußteilrohgewicht}}$	2
Spannaufwand	Vorrichtungsaufwand Umspannhäufigkeit	Q_{sa} = Siehe Tabelle 16	2

Bild 20: Kennzahlen zur Bewertung der allgemeinen gußteilbezogenen Merkmale im Hinblick auf das Gußputzen mit Industrierobotern

Analog zu den gratspezifischen Wertigkeiten und unter Berücksichtigung der ebenfalls durch paarweisen Vergleich ermittelten Gewichtung ist eine Gesamtbewertung der gußteilspezifischen Merkmale möglich.

Aus den Kennzahlen der gratspezifischen und der gußteilspezifischen Bewertungen läßt sich nun durch arithmetische Mittelwertbildung eine Gesamtbewertung bezüglich der Möglichkeiten des Industrieroboteréinsatzes für das Gußputzen ableiten. Gleichzeitig ist nach der Anwendung dieses Bewertungsverfahrens eine Aussage über den prozentualen Anteil der Grate, bei denen kein Gußputzrobotereinsatz möglich ist und somit über den Umfang der Putzaufgaben, für den anderweitige Lösungen erforderlich sind, möglich.

4.4.2 Ergebnisse der kennzahlenorientierten Gußteilbewertung

Der wichtigste Vorteil der kennzahlenorientierten Gußteilbewertung ergibt sich aus der systematischen Erfassung aller Merkmale, die beim Einsatz eines Gußputzroboters zu beachten sind. Die einzelnen Problembereiche, die den Robotereinsatz erschweren, werden dabei durch eine solche Analyse sehr deutlich herausgestellt. Durch Berücksichtigung dieser Ergebnisse besteht in der Gießerei die Möglichkeit, die Gußteil- und Gießsystemauslegung im Hinblick auf den Robotereinsatz zu modifizieren und somit eine Verbesserung der Automatisierungsmöglichkeiten zu erzielen. Aufgrund der Kennzahlenstruktur, die im wesentlichen eine vergleichende Funktion hat, können bei einem größeren Gußteilspektrum viele unterschiedliche Werkstücke mit einem vertretbaren Aufwand untersucht und bewertet werden. Aus der Bewertung heraus läßt sich dann eine Rangfolge ermitteln. Aufgrund dieser Rangfolge kann mit einer gewissen Sicherheit gewährleistet werden, daß der erste Gußputzrobotereinsatz an solchen Gußteilen erfolgt, deren Merkmale die Anwendung dieser Technologie möglichst vereinfachen.

Ein weiterer Vorteil ist, daß bei einer Durchführung von Vorversuchen an speziellen Gußteilen diese Versuche gezielt in den Bereichen der Gußwerkstücke durchgeführt werden können, die bei der Bewertung als problematisch eingestuft worden sind. Insgesamt läßt sich dadurch das Risiko beim erstmaligen Gußputzrobotereinsatz erheblich minimieren.

Insgesamt bietet die Bewertungssystematik somit folgende Möglichkeiten:

- vergleichende Bewertung unterschiedlicher Gußteile im Hinblick auf den Einsatz von Gußputzrobotern,

- systematische Auswahl des "einfachsten" Gußteiles für die erste Anwendung eines Gußputzroboters,

- systematische Erfassung der Daten, die für die im weiteren Planungsverlauf notwendige Verfahrensauswahl erforderlich sind,

- gezielte Änderung der Gußteilkonstruktionen zur Verbesserung der Möglichkeiten des Einsatzes von Gußputzrobotern.

Neue Forschungsergebnisse, die z.B. zu einer Vereinfachung des Einsatzes von Gußputzrobotern durch adaptive Anpassung an unterschiedliche Grat- oder Gußteiltoleranzen führen, können in dem Bewertungsverfahren stets durch eine einfache Änderung der einzelnen Parameter berücksichtigt werden.

5 UNTERSUCHUNG UND BEWERTUNG ROBOTERGERECHTER GUSSPUTZ-VERFAHREN IM HINBLICK AUF EINE WERKSTÜCKORIENTIERTE VERFAHRENSAUSWAHL

5.1 Untersuchung der robotergerechten Gußputzverfahren

5.1.1 Klassifizierung der einzelnen Verfahren

Die Gußputzverfahren sind Fertigungsverfahren und können somit nach der entsprechenden Norm klassifiziert werden /53/.

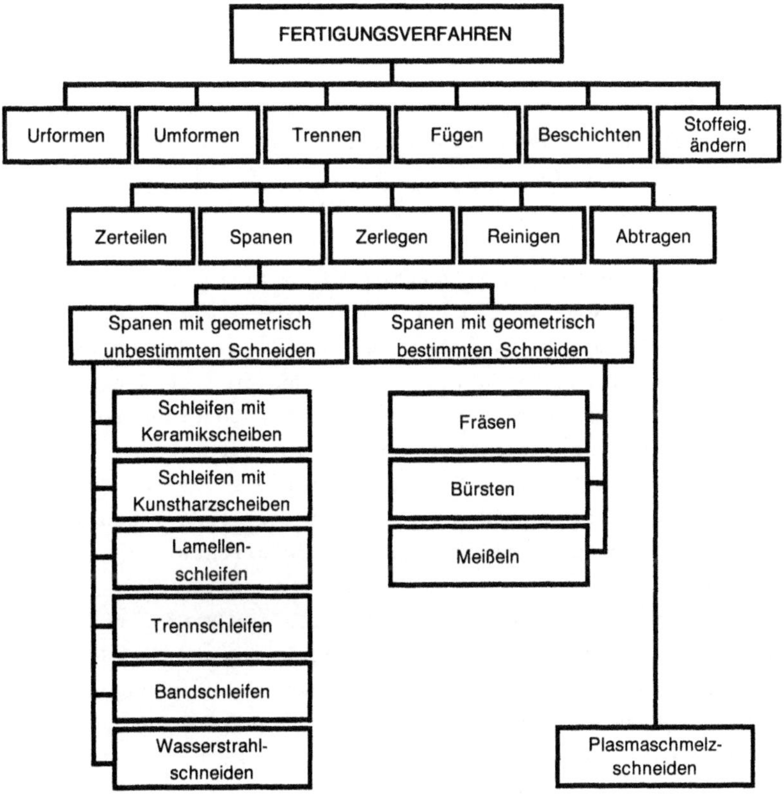

Bild 21: Klassifizierung der robotergerechter Gußputzverfahren nach DIN 8580

Für eine werkstückorientierte Auswahl robotergerechter Gußputzverfahren ist es erforderlich, sowohl die quantitativ als auch die qualitativ erfaßbaren Leistungen dieser Verfahren beim Einsatz an Gußputzroboterarbeitsplätzen zu untersuchen und zu bewerten. Dazu wurden mit Gußputzrobotern, die insbesondere bezüglich ihrer Steuerung dem derzeitigen Stand der Technik entsprechen, mit jedem der Verfahren Versuche durchgeführt. Auf der Basis dieser Versuche konnten dann die Leistungsdaten der einzelnen Verfahren ermittelt werden.

5.1.2 Untersuchung robotergerechter spanender Gußputzverfahren mit geometrisch bestimmter Schneide

5.1.2.1 Fräsen

Für das konventionelle Fräsen mit einem Stirn- bzw. Umfangsfräser gemäß DIN 8589, Teil 3 reicht die Steifigkeit eines Industrieroboters im allgemeinen nicht aus. Zur Gruppe der fräsenden Fertigungsverfahren gehören jedoch auch die mit sogenannten Fingerfräsern ausgestatteten hochtourigen Spindeln, die häufig zum manuellen Gußputzen eingesetzt werden. Ein bedeutender Vorteil dieses Verfahrens ist die geringe Baugröße des Werkzeugs, die auch das Putzen von teilweise innenliegenden und schlecht zugänglichen Graten ermöglicht.

Vereinzelt werden diese Spindeln bereits für Bearbeitungsaufgaben mit Industrierobotern eingesetzt (teilweise in Gummilagerungen aufgehängt). Die durchgeführten Untersuchungen haben jedoch zur Entwicklung spezieller Spindelhalterungen geführt, mit denen eine Kompensation der Spanntoleranzen und der Bahnabweichungen des Industrieroboters möglich ist und die eine konstante Bearbeitungskraft zwischen Fräswerkzeug und Gußteil gewährleisten (siehe auch Kapitel 2.2.2, Seite 29). Bei den Versuchen hat sich gezeigt, daß mit diesem Werkzeug Gießgrate mit geringen Toleranzen bezüglich der Gratausprägung gut entfernt werden können.

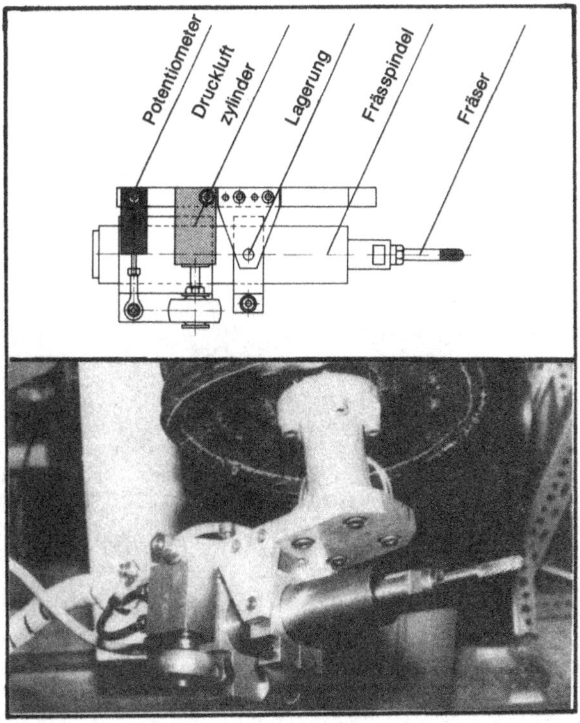

Bild 22: Beispiel einer Frässpindellagerung für den Einsatz an Gußputzrobotern

Abhängig von der mechanischen Auslegung des Gußputzroboters und der Fräserverzahnung wurden bei Versuchen deutlich bessere Abtragsraten als beim vergleichbaren manuellen Fräsen erzielt. Dies ist insbesondere durch die höhere und mehr kontinuierliche Bearbeitungskraft möglich.

Bei der Auslegung von Frässpindeln für Gußputzaufgaben sind verschiedene Kriterien zu beachten. Während beim manuellen Fräsen z.B. eine gleichmäßige Fräserabnutzung über die gesamte Frässergeometrie erfolgt, muß beim Fräsen mit Gußputzrobotern durch entsprechende Programmierung dafür gesorgt werden, daß der Fräser nicht stets im gleichen Schneidenbereich eingesetzt wird und somit ungleichmäßig abnützt. Im Gegensatz zum manuellen Fräsen von Leichtmetallguß erfolgt beim Einsatz eines Gußputzroboters oft ein "Zuschmieren" des Fräsers, da die Abtragsraten und somit auch die Span- und Werkstofftemperaturen im Schnittbereich höher liegen. Dieses Problem konnte jedoch bei der Versuchsdurchführung durch Anwendung spezieller Sprühnebel-Emulsionsschmierungen gelöst werden.

Werkzeug: Frässpindel		
Drehzahl	18000	1/min
Anschluss-leistung	2	kW
Abtrags-rate	20	mm^3/s
Werkstück: Stahlguß		
Gewicht	87	N
Gratbreite	1	mm
Grathöhe	3	mm

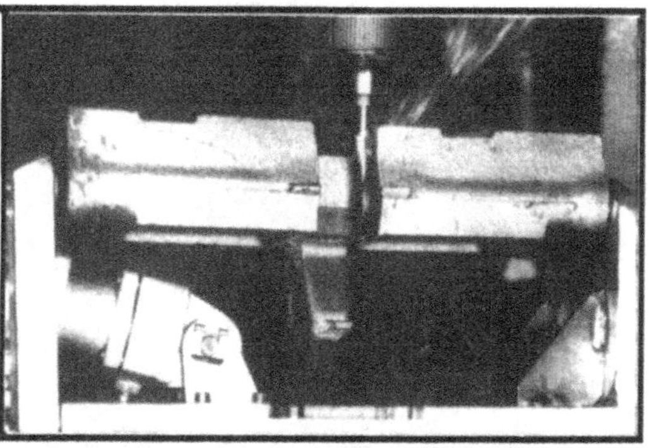

Bild 23: Gußputzen mit einem Industrieroboter und einer stationär im Arbeitsraum des Industrieroboters angeordneten Frässpindel (Werkstückhandhabung)

5.1.2.2 Bürstspanen (DIN 8589, Teil 8)

Obwohl das Bürsten im eigentlichen Sinne und gemäß der Normung ein spanendes Verfahren ist, bei dem jeder einzelne Bürstendraht als Schneidwerkzeug funktioniert und einen kleinen Span abträgt, werden Bürsten beim Gußputzen zum Abbrechen der Grate eingesetzt. Bisher werden mit diesem Verfahren überwiegend Bearbeitungsgrate mit schmaler Gratwurzel entfernt. In Versuchen wurde nachgewiesen, daß das Bürstspanen mit Industrierobotern darüber hinaus für das Gußputzen von Druckgußteilen (Leichtmetall) angewendet werden kann.

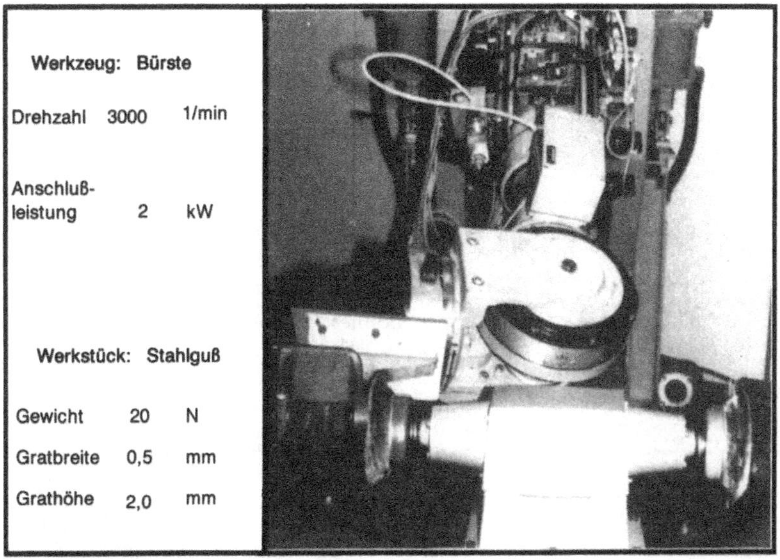

Bild 24: Versuchsaufbau zur Entfernung von Gießgraten mit einer stationär angeordneten Bürsteinheit (Werkstückhandhabung)

Besonders vorteilhaft beim Einsatz von Bürsten ist die Tatsache, daß die erlaubten Toleranzen bei der Zustellung des Gußteiles zur Bürste deutlich größer sind als die Bahntoleranzen des Industrieroboters und die Spanntoleranzen des Gußteiles, so daß diesbezüglich keine zusätzliche Kompensationsstrategie mehr erforderlich ist. Daraus ergibt sich im Vergleich zu anderen Verfahren auch ein deutlich geringerer Programmieraufwand. Problematisch ist die geringe Abtragsrate. Die maximale Gratbreite, die im Rahmen der Versuchsreihen entfernt werden konnte, betrug bei unterschiedlichen Leichtmetallwerkstoffen ca. 0,5 mm.

5.1.2.3 Meißeln (DIN 8589, Teil 9)

Meißeln ist das Spanen mit meißel- oder messerähnlichen Werkzeugen, wobei der Werkstoff bzw. der Grat durch Schläge auf das Werkzeug (den Meißel) entfernt wird /54/. Dabei wird der Meißel in einem flachen Winkel zur Werkstückoberfläche angesetzt.

Beim manuellen Gußputzen von spröden Gußwerkstoffen (z.B. GGL) ist das Meißeln ein häufig eingesetztes Verfahren, mit dem Grate abgetrennt werden können. In Kombination mit Gußputzrobotern wurde das Verfahren bisher nur vereinzelt eingesetzt.

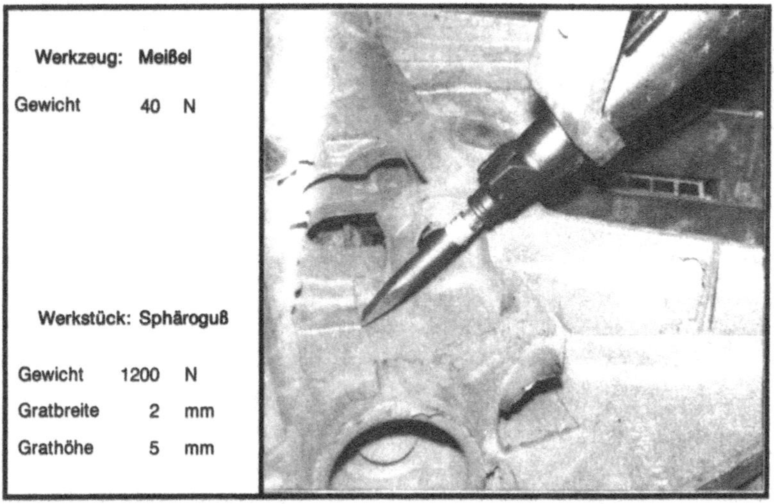

Bild 25: Meißeln mit einem Gußputzroboter (Werkzeughandhabung)

Wenn an einem Gußputzroboter Meißelgeräte eingesetzt werden, die eigentlich für den manuellen Betrieb konzipiert sind, verursacht insbesondere die undefinierte Lage der Meißelspitze Probleme. Dadurch wird vor allem der Programmiervorgang erheblich erschwert. Eine wichtige Anforderung an einen robotergerechten Meißelhammer ist somit die Meißelrückstellung in eine definierte Ruhelage. Beim Einsatz an einem Gußputzroboter muß der Meißelhammer ferner, sobald das Werkzeug nicht mehr im Eingriff ist, ausgeschaltet werden, da sonst im Leerlaufbetrieb eine unzulässige Erhitzung der Endlagenpufferung auftritt. Die Versuche haben gezeigt, daß bei sogenannten "rückstoßfreien" Meißelhämmern nur geringe und bei geeigneter Kinematik des Gußputzroboters vertretbare Kräfte auf den Roboter wirken. Das Bewegungsverhalten des Gußputzroboters wurde durch die Schwingungen und Vibrationen des Meißelvorganges nicht beeinträchtigt.

Dies Verfahren zeichnet sich durch eine gute Zugänglichkeit bei schlecht erreichbaren Graten und eine hohe Abtragsrate aus. Nachteilig ist die Einschränkung auf spröde Werkstoffe.

5.1.3 Untersuchung robotergerechter spanender Gußputzverfahren mit geometrisch unbestimmter Schneide (DIN 8589, Teil 11)

5.1.3.1 Schleifen mit keramisch gebundenen Scheiben

Das Schleifen ist beim manuellen Gußputzen heute eines der am häufigsten eingesetzten Verfahren. Im Durchschnitt betragen die Lohnkosten für das Schleifen (dies ist nur ein Teil der gesamten Putzereikosten) in den deutschen Gießereien zwischen 5 und 10% des jeweiligen Gesamtumsatzes /1,4,5/. Das Schleifen ist auch eines der Verfahren, bei denen die Mechanisierung in den Gußputzereien bereits am weitesten vorangeschritten ist. Bezüglich der Möglichkeiten und der technischen Zusammenhänge dieses Verfahrens wurden bereits umfassende Untersuchungen durchgeführt /1,49,57,58/.

Auch beim Einsatz von Gußputzrobotern ist das Schleifen eines der am häufigsten verwendeten Verfahren (siehe Bild 7). Problematisch ist dabei, daß die räumliche Zuordnung zwischen Schleifscheibe und Gußteil sehr genau zu erfolgen hat und daß die Schleifscheibe einem geometrisch und technologisch nur schwer erfaßbaren Verschleiß unterliegt, so daß eine ständige Adaption des relativen Bewegungsablaufes erforderlich ist /9/. Die Möglichkeiten, die sich hierzu bieten bzw. die teilweise im Rahmen der Untersuchung entwickelt wurden, sind in dem folgenden Übersichtsbild dargestellt.

	Kompensation des Schleifscheibenverschleißes durch:			
Grafische Darstellung	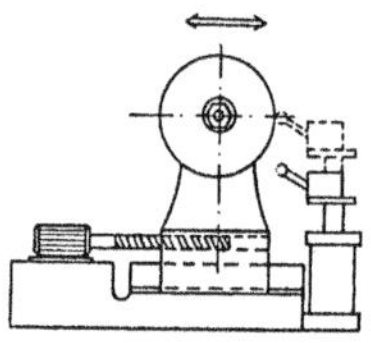	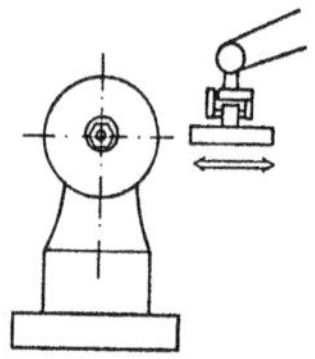	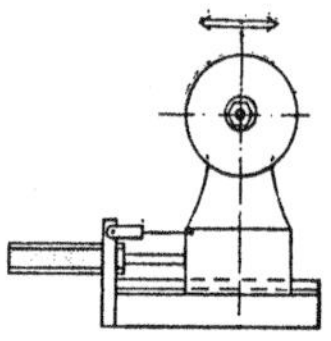	
Beschreibung	**Mechanische Nachführung der Scheibe**	**Steuerungs-technische Nachführung des Industrieroboters**	**Nachgiebige Lagerung der Schleifscheibe**	
			ohne Weg-meßsystem	**mit Weg-meßsystem**
Programmier-aufwand	nein ●	ja ○	nein ●	nein ●
Kompensation von Form-toleranzen	nein ○	nein ○	ja ●	ja ●
Kompensation von Grattoleranzen	nein ○	nein ○	nein ○	ja ○
Taktzeitbe-einträchtigung	nein ●	ja ○	nein ●	ja ○

● **Positiv** ➡ **Für den wirtschaftlichen**
○ **Negativ** **Einsatz eines Industrieroboters**

Bild 26: Unterschiedliche Strategien für die Kompensation des Schleifscheibenverschleißes

Vorteilhaft beim Schleifen ist die große Abtragsrate. Problematisch ist hingegen die, bedingt durch die großen Durchmesser der Schleifscheiben, oft schlechte Zugänglichkeit zu Graten sowie der geometrische Verschleiß, der mit technischen Hilfsmitteln kompensiert werden muß. Außerdem sind die Bearbeitungskräfte sehr groß. Die jeweils optimale Schleifscheibenzusammensetzung wird in Abhängigkeit des Gußteilwerkstoffes, der Gratausprägung und der zu erzielenden Oberflächengüte bestimmt. Dabei geht es u.a. um die Auswahl des Schleifmittels (Korund oder Siliciumcarbid), die Korngröße, die Härte der Scheibe, die Struktur und das Bindemittel.

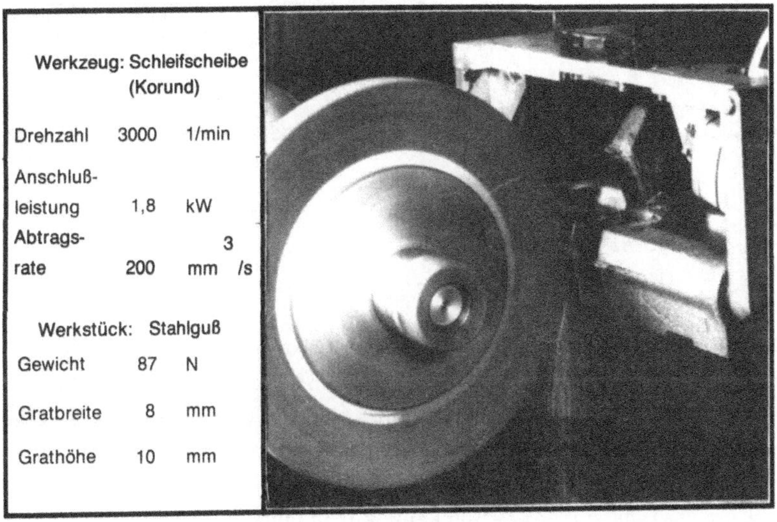

Bild 27: Schleifversuch mit einem Gußputzroboter (Werkstückhandhabung)

5.1.3.2 Schleifen mit kunstharzgebundenen Scheiben

Mit Ausnahme der kleinen Schleifstifte, die aufgrund ihrer geringen Standzeiten kaum für den Gußputzrobotereinsatz in Frage kommen, sind die meisten Schleifscheiben für handgeführte Schleifmaschinen (Winkelschleifer) kunstharzgebunden.

Werkzeug: Schleifscheibe (kunstharzgebunden)		
Drehzahl	6600	1/min
Anschluß-leistung	3,3	kW
Abtrags-rate	30	mm^3/s
Werkstück: Stahlguß		
Gewicht	87	N
Gratbreite	1	mm
Grathöhe	2	mm

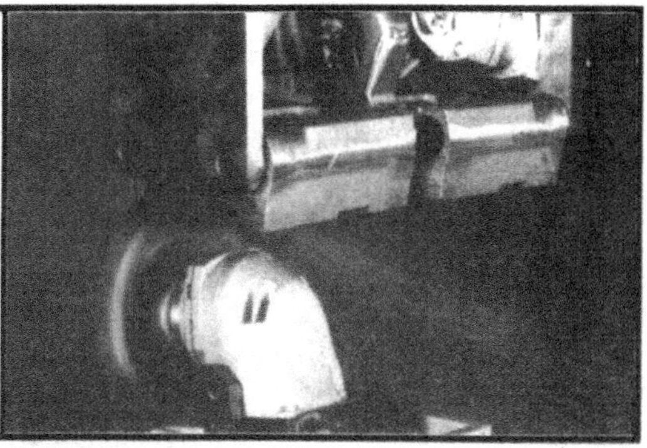

Bild 28: Versuchsaufbau zur Ermittlung der Einflußgrößen beim Einsatz von kunstharzgebundenen Schleifscheiben (Werkstückhandhabung)

Die Handhabung eines solchen Werkzeuges mittels eines Gußputzroboters ist aufgrund der Gewichtsverhältnisse und der Reaktionskräfte relativ einfach. Auch bei Schruppscheiben verursacht der geometrische Verschleiß jedoch Probleme. Zur Kompensation wurden analog zu den Frässpindellagerungen (siehe Bild 22) nachgiebige Werkzeugaufhängungen entwickelt. Dabei muß allerdings der sich beim Scheibenverschleiß bedingt durch die Nachgiebigkeit ändernde Anstellwinkel zwischen Werkzeug und Gußteil überwacht und gegebenenfalls kompensiert werden /9/. Bei den meisten der derzeit in Gießereien eingesetzten Gußputzrobotern erfolgt eine Überwachung des Scheibenverschleißes lediglich dahingehend, daß die Scheiben unabhängig vom jeweiligen Verschleiß in einem bestimmten Zyklus ausgewechselt werden. Einzelne Systeme wurden bereits realisiert, bei denen die Verschleißkompensation durch eine Software-Korrektur der gespeicherten Bewegungsbahn erfolgt.

Ein Vorteil der kunstharzgebundenen Schleifscheiben ist die hohe Abtragsrate und die gute Bearbeitungsqualität. Nachteilig ist die eingeschränkte Zugänglichkeit zu innenliegenden Graten.

5.1.3.3 Schleifen mit Lamellenschleifscheiben

Das Lamellenschleifrad besteht aus einem Kern, um den in mehr oder weniger dichter Folge radial angeordnete Schleifgewebeblättchen befestigt sind. Ein Vorteil der Lamellenschleifscheiben ist, analog zu den Bürsten, die gewisse Nachgiebigkeit. Die Toleranzen bei der Zustellung des Gußteiles zur Lamellenschleifscheibe dürfen deutlich größer sein als die allgemein erreichbaren Bahntoleranzen des Industrieroboters beziehungsweise die Spanntoleranzen des Gußteiles. Der Programmieraufwand ist deshalb im Verhältnis zu anderen Putzverfahren gering. Nachteilig beim Einsatz in Kombination mit Gußputzrobotern ist die geringe Abtragsrate sowie der beträchtliche Verschleiß, so daß eine Anwendung nur bei Graten mit geringer Gratbreite (Feinschliff) in Frage kommt. Die Nachgiebigkeit (bzw. Härte) der Lamellenschleifscheibe läßt sich als Funktion der Drehzahl (über die Zentrifugalkraft) beeinflussen. Bei zu hohen Drehzahlen ist allerdings ein "Eintauchen" des Gußteils in die Lamellenschleifscheibe nicht mehr möglich. Dadurch wird dann, da nur mit der Oberfläche des Schleifgewebes ein Materialabtrag möglich ist, kein Abtrag mehr erzielt.

Werkzeug: Lamellenscheibe

Drehzahl	3300	1/min
Anschluß-leistung	1	kW
Abtrags-rate	5	mm^3/s

Werkstück: Stahlguß

Gewicht	10	N
Gratbreite	0,5	mm
Grathöhe	1,0	mm

Bild 29: Versuchsaufbau zur Erprobung von Lamellenschleifscheiben (Werkstückhandhabung)

5.1.3.4 Trennschleifen

Beim manuellen Gußputzen an entsprechenden Gußteilwerkstoffen werden häufig Trennscheiben zum Abtrennen von Gießsystemen mit großen Trennquerschnitten eingesetzt. Das Trennschleifen ist ein leistungsfähiges, spanabhebendes Fertigungsverfahren mit nicht definierter Schneide und kunstharzgebundenem Korn. Mit den großen, manuell bedienten Pendeltrennmaschinen, die bereits seit geraumer Zeit in Gußputzereien eingesetzt werden, sind Schnittleistungen bis zu 2000 mm^2/s erreichbar /51,52/. Beim Einsatz an einem Gußputzroboter können diese Leistungen jedoch nicht erreicht werden, da das Gewicht des Trennscheibenantriebes (und somit die Leistung) durch das Handhabungsgewicht des Industrieroboters begrenzt ist. Auch können mit dem Industrieroboter keine beliebig großen

Schnittkräfte zwischen Trennscheibe und Gußteil erzeugt werden. Die bei den Gußputzroboterversuchen erreichbaren Schnittleistungen lagen deshalb bei ca. 200 mm^2/s.

Bisher wird das Trennschleifen in Kombination mit Gußputzrobotern nur vereinzelt eingesetzt. Da Trennschleifscheiben eine Breite von etwa einem Hundertstel des Nenn-Außendurchmessers haben, sind sie gegen Axialbelastung sehr empfindlich. Dies erschwert den Einsatz am Gußputzroboter, da wegen diesem geringen Widerstandsmoment gegen seitliche Kräfte die Bewegungsbahn des Industrieroboters bei der Werkzeughandhabung exakt in der Trennfläche der Trennscheibe liegen muß. Durch den Einsatz spezieller, armierter Trennscheiben kann eine etwas geringere Empfindlichkeit bezüglich Bahntoleranzen des Gußputzroboters erreicht werden.

Werkzeug:	Trennscheibe
Drehzahl	8000 1/min
Anschluß-leistung	6 kW
Schnitt-rate	200 mm^3/s
Werkstück:	**Sphäroguß**
Gewicht	1200 N
Gratbreite	60 mm
Gratdurch-messer	10 mm

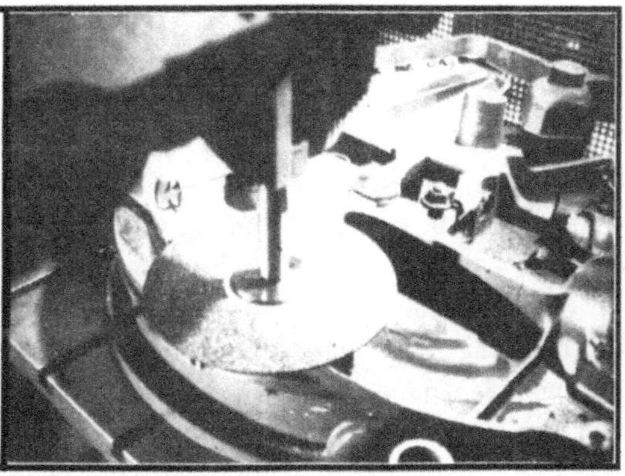

Bild 30: Versuchsaufbau zur Erprobung des Trennschleifverfahrens (Werkzeughandhabung)

Problematisch beim Gußputzrobotereinsatz ist ferner die Einschränkung durch das zulässige Handhabungsgewicht des Industrieroboters. Abhängig vom Durchmesser der Trennscheibe und dem jeweiligen Werkstoff sind Antriebsleistungen bis zu 10 kW erforderlich. Das zulässige Werkzeuggewicht ist jedoch abhängig vom Industrieroboter und auf ein bestimmtes Maximum beschränkt. Um ein möglichst günstiges Leistungs-Gewichtsverhältnis zu erzielen, wurden deshalb bei den Versuchen Hochfrequenzantriebe eingesetzt.

Gußputzroboter und Antriebssysteme (für die Trennscheibe) müssen beim Einsatz von Trennschleifscheiben im Hinblick auf die zu erbringende Leistung mit einen Sicherheitsfaktor von ca. 200 % ausgelegt werden, damit auch bei plötzlich im Gießsystem auftretenden Lunkern oder Verhärtungen ein Freischneiden der Trennschleifscheibe gewährleistet ist. Eine Überlastung des Antriebes würde zum Stillstand und bei fortgesetzter Vorschubbewegung des Industrieroboters zur Zerstörung der Scheibe führen.

5.1.3.5 Bandschleifen (DIN 8589, Teil 12)

Beim Bandschleifen wird das Schleifkorn mittels einer Bindung auf einer flexiblen Unterlage verankert. Bei richtiger Abstimmung zwischen Schleifband, Schleifaggregat und Werkstoff sind beim Bandschleifen ähnlich hohe Zerspanleistungen erreichbar wie beim maschinellen Fräsen, Hobeln oder Flachschleifen /59,60/.

Obwohl bisher nur Laboranwendungen des Bandschleifverfahrens für Gußputzaufgaben mit Industrierobotern bekannt sind, bietet dieses Verfahren bei einer Automatisierung bedeutende Vorteile. Die Untersuchungen zeigten jedoch, daß es beim Einsatz von Gußputzrobotern nicht zweckmäßig ist, auf konventionelle Schleifbandaggregate zurückzugreifen. Die unterschiedlichen Möglichkeiten des Bandschleifens mit Industrierobotern sind im folgenden Bild dargestellt.

Verfahren	Programmier-aufwand	Abtragsleistung
Schleifen am freien Band	gering	gering
Schleifen an einer weichen Kontaktscheibe	mittel	mittel
Schleifen an einem nachgiebigen Schleifschuh	mittel	mittel
Schleifen an einem starren Schleifschuh bzw. an einer harten Kontaktscheibe	hoch	hoch

Bild 31: Bewertung des Bandschleifens für das Gußputzen mit Industrierobotern

Das Schleifen an starr gelagerten und harten Kontaktscheiben ist beim Einsatz von Gußputzrobotern, bedingt durch Bahnabweichungen und Spanntoleranzen, nahezu unmöglich und führte bei den Laborversuchen in der Regel zur Zerstörung des Schleifbandes. Bei geringen Gratausprägungen ist das Schleifen am freien Band vorteilhaft. Bei größeren Gratausprägungen empfiehlt sich das Schleifen an einem nachgiebigen Schuh bzw. einer nachgiebigen Kontaktscheibe.

Grundsätzlich ist beim Bandschleifen auch die Werkzeughandhabung möglich. Dabei ergeben sich jedoch, bedingt durch die eingeschränkten Abmessungen des Antriebes und des Schleifbandes, geringe und somit unwirtschaftliche Schleifbandstandzeiten.

Werkzeug: Schleifband	
Anschlußleistung	2 kW
Abtragsrate	50 mm^3/s
Werkstück: Stahlguß	
Gewicht	87 N
Gratbreite	1 mm
Grathöhe	10 mm

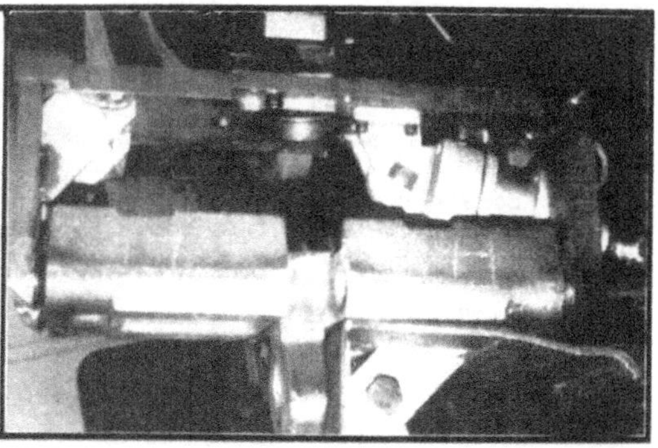

Bild 32: Versuchsaufbau zur Untersuchung des Bandschleifens mit Kontaktschuh (Werkstückhandhabung)

Der größte Vorteil des Bandschleifverfahrens ist die ausgezeichnete Bearbeitungsqualität, die damit erzielt werden kann. Nachteilig ist die geringe Abtragsrate sowie die Tatsache, daß bei schlecht zugänglichen Graten ein großer konstruktiver Aufwand zur Anpassung bzw. Fertigung einer geeigneten Schleifbandführung erforderlich ist.

5.1.3.6 Hochdruckwasserstrahlschneiden (DIN 8200)

Beim Hochdruckwasserstrahlschneiden besteht das Schneidwerkzeug aus einem Flüssigkeitsstrahl, der unter sehr hohem Druck (bis zu 5000 bar) aus einer Düse austritt /61/. Bisher wird dieses Verfahren zum Schneiden von Kunststoffen, Gummi, Papier und Leichtmetallen eingesetzt. Bei Leichtmetallgußteilen läßt sich der Hochdruckwasserstrahl grundsätzlich auch zum Entfernen von Graten mit schmalem Gratfuß anwenden. Die maximale Gratfußbreite, die technisch und wirtschaftlich mit vertretbarem Aufwand entfernt werden kann, beträgt bei Leichtmetall ca. 1 mm und bei Stahl ca. 0,4 mm, so daß dieses Verfahren allenfalls zum Gußputzen von Druckgußteilen eingesetzt werden kann. Durch den Zusatz von Abrasivstoffen zur Schneidflüssigkeit lassen sich die Schnittleistungen deutlich erhöhen. Dies verursacht jedoch gleichzeitig Probleme im Düsenbereich, die aufgrund der Abrasivzusätze dann einem sehr hohen Verschleiß unterliegen und entsprechend häufig ausgewechselt werden müssen.

Werkzeug: Wasserstrahl

Schnittrate 10 mm^2/s

Werkstoff: Leichtmetall

Wanddicke 1 mm

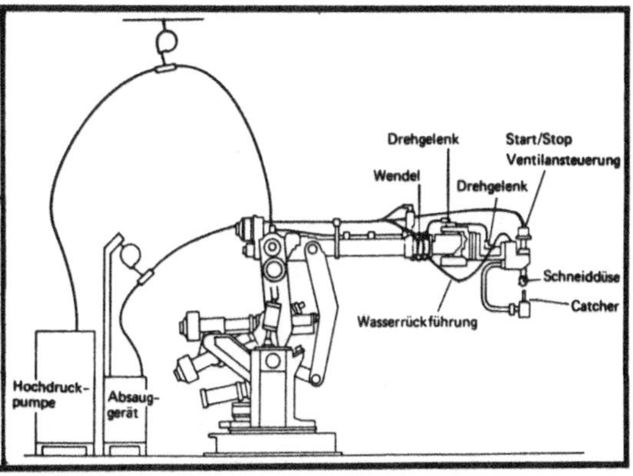

Bild 33: Schneiden mit einem Hochdruckwasserstrahl (Werkzeughandhabung)

5.1.4 Untersuchung eines robotergerechten thermisch abtragenden Verfahrens

5.1.4.1 Plasmaschmelzschneiden (DIN 2310)

Das Plasmaschmelzschneiden wird bereits seit einigen Jahren zum Schneiden von Flachmaterial eingesetzt /52/. Das Material wird an der Schnittstelle durch Zufuhr von Energie mittels eines elektrischen Lichtbogens geschmolzen. Der Lichtbogen wird dabei durch ionisiertes Gas auf das Werkstück übertragen, so daß eine sehr hohe Energiedichte erreicht wird. Gleichzeitig sorgt das ausströmende Gas dafür, daß das aufgeschmolzene Material aus der Schnittfuge entfernt wird.

Die Versuchsdurchführung zeigte, daß das Plasmaschmelzschneiden ein zuverlässiges Trennverfahren mit guter Reproduzierbarkeit ist. Lediglich die Schneiddüse hat als Verschleißteil nur sehr geringe Standzeiten.

Ein Vorteil dieses Verfahrens ist das geringe Handhabungsgewicht der Brennerdüse sowie das nahezu vollständige Fehlen von Reaktionskräften. Dadurch werden an die Kinematik des Industrieroboters nur geringe Anforderungen bezüglich des zulässigen Handhabungsgewichtes gestellt. Durch die geringe Masse des Brenners sind außerdem sehr schnelle Bahnbewegungen möglich.

Ungelöst sind bisher Fragestellungen bzgl. der Prozeßüberwachung im automatischen Betrieb sowie Fragen der Steuerung und Anpassung von Schneidparametern bei unterschiedlichen Gußteilen. Abhängig vom Werkstoff kann ferner eine Aufhärtung des Materials an der Schnittfläche erfolgen (bis zu einem Millimeter). Bei den Laborversuchen konnte nachgewiesen werden, daß die in der Literatur /62/ als ungelöstes Problem dargestellten Metallspritzer auf der Gußteiloberfläche sowie die

Verfärbung der Gußteiloberfläche durch Eisenoxide durch geeignete Anpassung der Prozeßparameter an die jeweilige Aufgabenstellung vermieden werden können /63/.

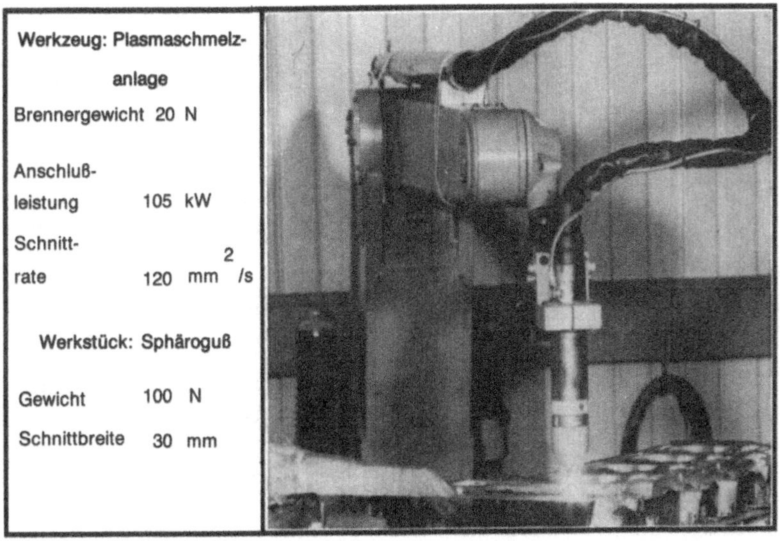

Bild 34: Plasmaschmelzschneiden von Gußteilen (Werkzeughandhabung)

5.1.5 Systematische Bewertung der untersuchten Gußputzverfahren

Die Leistungen der verschiedenen robotergerechten Gußputzverfahren müssen für die werkstückorientierte Verfahrensauswahl systematisch und vergleichbar beschrieben werden. Eine solche Übersicht ist in dem folgenden Bild enthalten. Die Kriterien sind dabei weitgehend so definiert, daß sie als Basis für eine EDV-unterstützte Verfahrensauswahl dienen können.

VERFAHREN	FRÄSEN	BÜRSTEN	MEISSELN	SCHLEIFEN				BAND-SCHLEIFEN	WASSER-STRAHL-SCHNEIDEN	PLASMA-SCHMELZ-SCHNEIDEN
				Ker.geb. Scheiben	Kunstharz Scheiben	Lamellen-scheiben	Trenn-schleifen			
WERKSTOFF:										
GGL	ja	nein	ja	ja	ja	nein	ja	ja	nein	ja
GGG	ja	nein	ja	ja	ja	nein	ja	ja	nein	ja
GT	ja	nein	ja	ja	ja	nein	ja	ja	nein	ja
GS	ja	nein	nein	ja	ja	nein	ja	ja	nein	ja
NE	ja	bedingt	bedingt	ja	ja	ja	nein	ja	ja	ja
WERKZEUG-HANDHABUNG	ja	bedingt	ja	ja	ja	ja	ja	nein	ja	ja
WERKSTÜCK-HANDHABUNG	ja	ja	ja	ja	ja	ja	ja	ja	ja	ja
TRENNEN VON GIESSYSTEMEN	nein	nein	ja	nein	nein	nein	ja	nein	ja	ja
max.Ø (mm)	-	-	< 5	-	-	-	< 400	-	< 1	< 100
(mm²/s)	-	-	< 20	-	-	-	< 200	-	< 10	< 250
ABTRAGEN VON GIESSGRATEN	ja	ja	ja	ja	ja	ja	nein	ja	ja	nein
max. Grat-breite (mm)	< 5	< 0,5	< 5	< 20	< 5	< 1	-	< 3	< 1	-
(mm³/s)	< 50	< 5	-	< 200	< 50	< 5	-	< 50	-	-
ZULÄSSIGER FORMVERSATZ (mm)	< 0,1	< 0,2	< 1	< 1	< 1	< 0,2	< 0,1	< 1	< 0,1	< 0,2
REAKTIONS-KRAFT AUF ROBOTER (N)	< 50	< 200	< 800	< 800	< 200	< 200	< 800	< 200	< 50	< 5
BEARBEI-TUNGSQUA-LITÄT	gut	sehr gut	mäßig	gut	gut	sehr gut	sehr gut	sehr gut	mäßig	mäßig
ERREICHBARE RAUHTIEFE (mm)	< 0,2	< 0,1	< 1	< 0,5	< 0,5	< 0,1	< 0,2	< 0,1	< 0,3	< 1
ZUGÄNGLICH-KEIT	sehr gut	mäßig	gut	mäßig	mäßig	mäßig	mäßig	mäßig	gut	gut
GRATVERLAUF IN EINER EBENE	ja	ja	ja	ja	ja	ja	ja	ja	ja	ja
AUF GE-KRÜMMTEN BAHNEN	ja	ja	ja	ja	ja	ja	nein	ja	ja	ja
PROGRAMMIER-AUFWAND	groß	gering	groß	groß	mittel	gering	groß	gering	groß	groß
GEOMETRI-SCHER VER-SCHLEISS	nein	ja	ja	ja	ja	ja	ja	nein	nein	nein

Bild 35: Zusammenfassende tabellarische Darstellung der Verfahren mit ihrer Tauglichkeit für den Industrierobotereinsatz

5.2 Werkstückorientierte Bewertung der untersuchten Gußputzverfahren

5.2.1 Allgemeine werkstückbezogene Einflußgrößen bei der Verfahrensauswahl

Bei der Verfahrensauswahl müssen sowohl gußteilspezifische als auch gratspezifische Faktoren berücksichtigt werden. Die gußteilspezifischen Faktoren und ihre Einflüsse auf die Verfahrensauswahl sind in dem folgenden Bild dargestellt.

Merkmal	Verfahren									
	1	2	3	4	5	6	7	8	9	10
Werkstoff										
GGG	●	○	●	●	●	○	●	●	○	●
GGL	●	○	●	●	●	○	●	●	○	●
GS	●	○	●	●	●	○	●	●	○	●
GT	●	○	◍	●	●	○	●	●	○	●
NE	●	◍	○	●	●	●	○	●	●	●
Gußteilgewicht										
< 300 N (Werkstück- und Werkzeughandhabung	●	●	●	●	●	●	●	●	●	●
>300 N (nur Werkzeughandhabung	●	◍	●	●	●	●	●	○	●	●

● möglich
◍ bedingt möglich
○ nicht möglich

1 Fräsen
2 Bürsten
3 Meißeln
4 Schleifen (keramisch gebunden)
5 Schleifen (kunstharzgebunden)
6 Schleifen (Lamellenscheiben)
7 Schleifen (Trennschleifen)
8 Bandschleifen
9 Wasserstrahlschneiden
10 Plasmaschneiden

Bild 36: Allgemeine werkstückbezogene Einflußgrößen bei der Verfahrensauswahl

Die weiteren werkstückbezogenen Merkmale wie z.B. die geometrische Komplexität, die Spannbarkeit und der Anteil des Kreislaufmaterials beeinflussen die allgemeine und vergleichende Bewertung der Gußteile im Hinblick auf den Gußputzrobotereinsatz und nicht die Verfahrensauswahl /28/.

5.2.2 Einflüsse der Merkmalsausprägungen einzelner Grate

Die gratspezifischen Merkmale beeinflussen die Verfahrensauswahl in weitaus größerem Maße als die allgemeinen werkstückbezogenen Einflußgrößen. Im folgenden Bild ist die Zuordnung zwischen den einzelnen Merkmalen und der Verfahrensauswahl dargestellt.

Merkmal	Bewertung	Verfahren 1	2	3	4	5	6	7	8	9	10
Gratart	geformt	○	○	●	○	○	○	●	○	●	●
	ungeformt	●	●	●	●	●	●	○	●	●	○
Grathöhe	0<h<1 mm	●	●	○	●	●	●	○	●	◍	○
	1<h<10 mm	●	●	●	●	●	●	○	●	◍	○
	10<h mm	◍	◍	●	●	●	◍	○	◍	●	○
Gratbreite	0<b<1 mm	●	●	●	●	●	●	○	●	●	○
	1<b<10 mm	◍	○	◍	●	◍	○	○	◍	○	○
	10<b mm	◍	○	○	●	○	○	○	○	○	○
Zugänglichkeit	Q *zu* = 1	●	●	●	●	●	●	●	●	●	●
	Q *zu* < 1	●	◍	◍	◍	◍	◍	◍	◍	◍	◍
	Q *zu* = 0	○	○	○	○	○	○	○	○	○	○
Gratverlauf	Q *gv* = 1	●	●	●	●	●	●	●	●	●	●
	Q *gv* < 1	●	●	●	●	●	●	○	●	●	●
Formversatz	Q *fv* = 1	●	●	●	●	●	●	●	●	●	●
	Q *fv* < 1	●	◍	●	●	●	○	○	●	○	◍
Trennquerschnitt	0<b<1mm	○	○	●	○	○	○	●	○	●	●
	1<b<10mm	○	○	◍	○	○	○	●	○	○	●
	b>10mm	○	○	○	○	○	○	●	○	○	●

● möglich

◍ bedingt möglich

○ nicht möglich

1 Fräsen
2 Bürsten
3 Meißeln
4 Schleifen (keramisch gebunden)
5 Schleifen (kunstharzgebunden)
6 Schleifen (Lamellenscheiben)
7 Schleifen (Trennschleifen)
8 Bandschleifen
9 Wasserstrahlschneiden
10 Plasmaschneiden

Bild 37: Gratbezogene Einflüsse auf die Verfahrensauswahl

5.2.3 Verfahrensbedingte Einflußgrößen

Zusätzlich zu den quantifizierbaren Merkmalen, die die Anwendungsmöglichkeit einzelner Verfahren ermöglichen beziehungsweise ausschließen, zeichnen sich die Verfahren durch weitere Eigenschaften aus, die zur Bestimmung einer Präferenzfolge für die unterschiedlichen Verfahren verwendet werden können.

Merkmal	Bewertungskriterium *	Bewertung der einzelnen Verfahren										Gewichtung
		1	2	3	4	5	6	7	8	9	10	
Zerspanungsleistung	200 mm^3/s Q=1 0 mm^3/s Q=0	,25	,025	-	1	,25	,025	-	,25	-	-	5
Schnittleistung	250 mm^2/s Q=1 0 mm^2/s Q=0	-	-	,08	-	-	-	,8		,04	1	5
Rauhtiefe	0 mm Q=1 1 mm Q=0	,8	,9	0	0	,5	,9	,8	,9	,7	0	1
Zugänglichkeit	sehr gut Q=1 gut Q=0,6 mäßig Q=0,2	1	,2	,6	,2	,2	,2	,2	,2	,6	,6	5
Gesamtbewertung		,64	,18	,31	,59	,25	,29	,53	,29	,35	,73	

Q=1 optimal geeignet
Q=0 nicht geeignet

* Grenzwerte aus Versuchen, siehe Bild 35

1 Fräsen
2 Bürsten
3 Meißeln
4 Schleifen (keramisch gebunden)
5 Schleifen (kunstharzgebunden)
6 Schleifen (Lamellenscheiben)
7 Schleifen (Trennschleifen)
8 Bandschleifen
9 Wasserstrahlschneiden
10 Plasmaschneiden

Bild 38: Bewertung der Anwendungsmöglichkeiten der einzelnen Verfahren im Hinblick auf den Einsatz von Gußputzrobotern

Diese Präferenzfolge ist im EDV-Programm gespeichert und wird nur dann berücksichtigt, wenn sich aus den sonstigen Beurteilungsmerkmalen ergibt, daß ein Grat mit unterschiedlichen Verfahren entfernt werden kann. Die als Parameter im EDV-Programm aufgenommenen Werte können selbstverständlich jederzeit den neuen Forschungs- und Entwicklungsergebnissen angepaßt werden.

Das Bewertungsmerkmal "Zugänglichkeit" ist bei dieser allgemeinen Beurteilung unabhängig vom jeweiligen Gußteil. Differenziert wurde z.B. zwischen der Trennscheibe, mit der nur außenliegende Grate entfernt werden können, und einem Fräser, der bei entsprechender Gestaltung des Antriebes auch für innenliegende und schwer zugängliche Grate eingesetzt werden kann.

5.3 Rechnerische Abschätzung der Stückzeiten bei Anwendung der ausgewählten Verfahren

5.3.1 Bearbeitungszeiten

Im Rahmen der Laborversuche wurde für jedes Verfahren die jeweils erreichbare maximale Zerspan- bzw. Schnittleistung ermittelt. Die Daten der zu entfernenden Gießgrate bzw. Gießsysteme (Höhe, Querschnitte usw.) wurden bei der Gußteilanalyse für jedes Gußteil und jeden Grat erfaßt. Somit können nun die unter optimalen Bedingungen erreichbaren Hauptzeiten, während denen die jeweiligen Werkzeuge im Eingriff sind, rechnerisch abgeschätzt werden.

Der Rechenaufwand zur Abschätzung der Hauptzeiten ist beachtlich, da für jeden einzelnen Grat aufgrund der Gratausprägung und der Leistungsdaten des jeweiligen Verfahrens die erreichbare Abtragsrate ermittelt werden muß. Deshalb ist eine Hauptzeitabschätzung nur in Kombination mit einem Rechnereinsatz sinnvoll.

5.3.2 Nebenzeiten

Nebenzeiten werden im folgenden als Verfahrzeiten bezeichnet, bei denen das eigentliche Gußputzwerkzeug nicht im Eingriff ist. Nebenzeiten sind z.B.:

- Verfahrzeiten zwischen einzelnen Graten (verfahrensabhängig),

- Werkzeugwechselzeiten (nur bei der Werkzeughandhabung),

- Wendezeiten (nur bei Gußteilen, bei denen ein Umspannen erforderlich ist),

- Handhabungszeiten (für das Entnehmen der Gußteile aus den Zuführmitteln, Transportsystemen, usw. sowie für das Zurücklegen, nur bei Werkstückhandhabung).

Die Nebenzeit setzt sich somit aus unterschiedlichen Faktoren zusammen, die sowohl werkstück- als auch verfahrensabhängig sein können. Für einige dieser Nebenzeiten konnten empirisch die folgenden sogenannten Standardzeiten ermittelt werden:

- Werkzeugwechselzeit	15 - 20 s
- Wendezeit	5 - 10 s
- Handhabungszeit (holen und ablegen der Werkstücke)	5 - 15 s.

Zur Abschätzung der Verfahrzeiten zwischen den einzelnen Graten wurde aufgrund der durchgeführten Laborversuche eine Vorgehensweise entwickelt, bei der jedem Gußputzverfahren eine spezifische Nebenzeit als Faktor der jeweiligen Hauptzeit zugeordnet wird. Dies ist deshalb möglich, weil jedes einzelne Gußputzverfahren bezüglich der Zugänglichkeit zu bestimmten Graten und bezüglich des Aufwandes für Umorientierungen spezifische Eigenschaften hat. So sind z.B. die prozentualen verfahrensbedingten Nebenzeiten beim Fräsen (kleines Werkzeug, gute Zugänglichkeit) deutlich niedriger als beim Schleifen mit keramisch gebundenen Schleifscheiben (schlechte Zugänglichkeit). Außerdem besteht eine Abhängigkeit der Verfahrzeit von dem jeweils zu bearbeitenden Werkstoff. Bei hochfesten Gußwerkstoffen sind durch die geringen Abtragsraten die Verfahrzeiten zwischen den einzelnen Graten im Verhältnis geringer als bei den leichter zu bearbeitenden Werkstoffen.

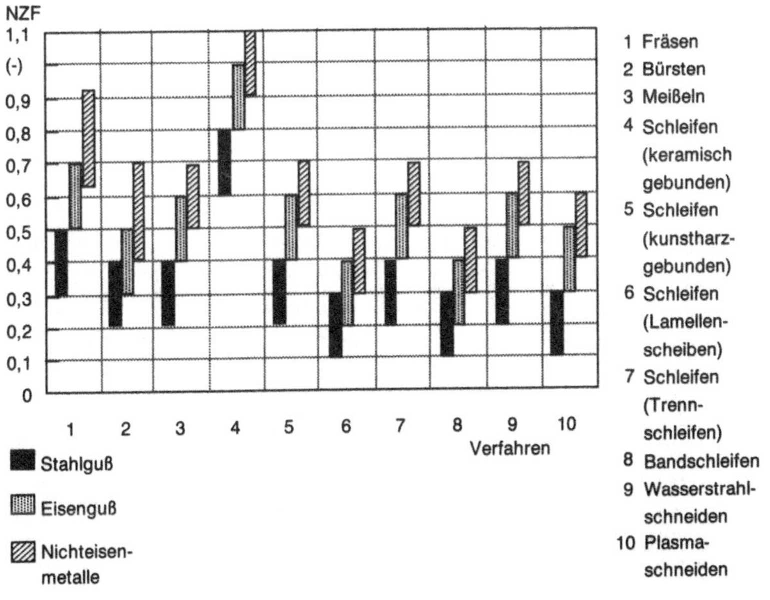

Bild 39: Verfahrensabhängige Nebenzeitfaktoren (NZF) beim Gußputzen mit Industrierobotern

Die gesamte Nebenzeit ergibt sich somit aus folgender Abhängigkeit:

$$T_{nz} = NZF*T_{hz} + n_1*T_{wwz} + n_2*T_{gwz} + T_{zuf} \ (s)$$

T_{nz} = Nebenzeit (Werkzeug nicht im Eingriff) (s)
NZF = Verfahrensabhängiger Nebenzeitfaktor (-)
T_{hz} = Bearbeitungszeit (Werkzeug im Eingriff) (s)
n_1 = Anzahl der Werkzeugwechsel (-)
T_{wwz} = Werkzeugwechselzeit (s)
n_2 = Anzahl der Gußteilwendevorgänge (-)
T_{gwz} = Gußteilwendezeit (s)
T_{zuf} = Gußteilhandhabungszeit (Zuführen usw.) (s)

5.3.3 Programmierzeiten

Die Ausbringungsleistung eines Gußputzroboters wird nicht nur durch die erreichbare Taktzeit pro Gußwerkstück, sondern auch durch den jeweiligen Programmieraufwand beeinflußt. Insbesondere beim Gußputzen mit Industrierobotern ist der Programmieraufwand beachtlich und beeinträchtigt die Flexibilität außerordentlich, da das Programmieren (beim Teach-in) direkt am Industrieroboter erfolgt und dieser dann nicht zur Produktion eingesetzt werden kann. Sobald die in anderen Bereichen bereits realisierten Systeme zur Offline-Programmierung auch beim Gußputzen mit Industrierobotern angewendet werden können, hat die Programmierzeit keinen direkten Einfluß mehr auf die Ausbringung des Industrieroboters, da dann die Produktion nur noch zum Programmtest unterbrochen werden muß.

Die effektive Taktzeit beim Gußputzen mit einem Industrieroboter ergibt sich somit aus der Hauptzeit, der Nebenzeit sowie der Programmierzeit, die auf die gesamte Stückzahl verteilt werden muß.

$$T_{eff} = T_{hz} + T_{nz} + \frac{T_{pz}}{n} \quad (s)$$

T_{eff} = Effektive Taktzeit unter Berücksichtigung der anteiligen und stückzahlabhängigen Programmierzeit (s)
T_{hz} = Bearbeitungszeit (Werkzeug ist im Eingriff) (s)
T_{nz} = Nebenzeit (Werkzeug ist nicht im Eingriff) (s)
T_{pz} = Programmierzeit (s)
n = Stückzahl des betreffenden Gußteiles (n)

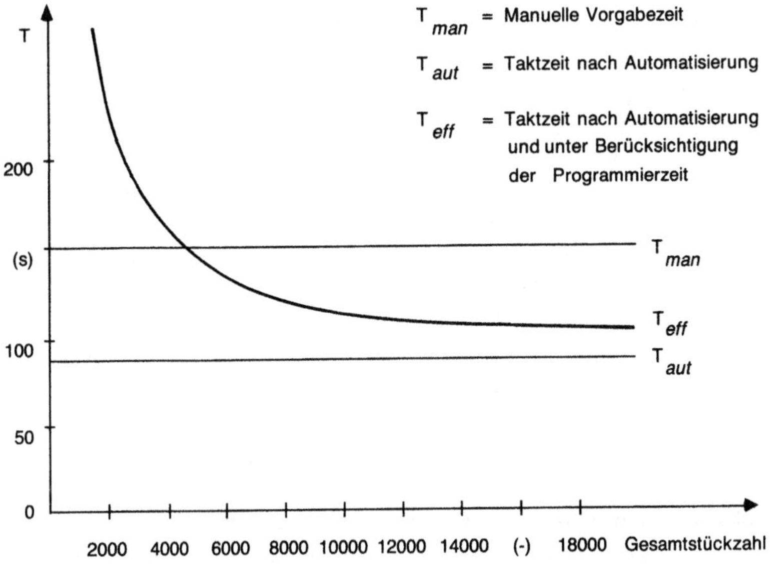

Bild 40: Einfluß der Programmierzeit auf die gesamte Taktzeit beim Gußputzen mit einem Industrieroboter (Beispiel eines industriellen Einsatzfalles)

Die Programmierzeit (beim Teach-in) wird durch die Anzahl und Länge der Grate eines Gußteils bestimmt und läßt sich somit als Faktor der Bearbeitungszeit darstellen. Zusätzlich bestehen Zusammenhänge zwischen der Programmierzeit und dem jeweils eingesetzten Gußputzverfahren sowie zwischen der Programmierzeit und der Komplexität des jeweiligen Grates (z.B.

Gratverlauf, Zugänglichkeit, Toleranzen usw.). Eine Quantifizierung der Gratkomplexität ergibt sich aus der im Rahmen der Gußteilanalyse erfolgten Gratbewertung. Zur Abschätzung der erforderlichen Programmierzeit wurden die im Bild 41 dargestellten Abhängigkeiten, die auf der Basis der Bearbeitungszeit und der Gratbewertung eine Aussage über die zu erwartenden Programmierzeiten ermöglichen, ermittelt.

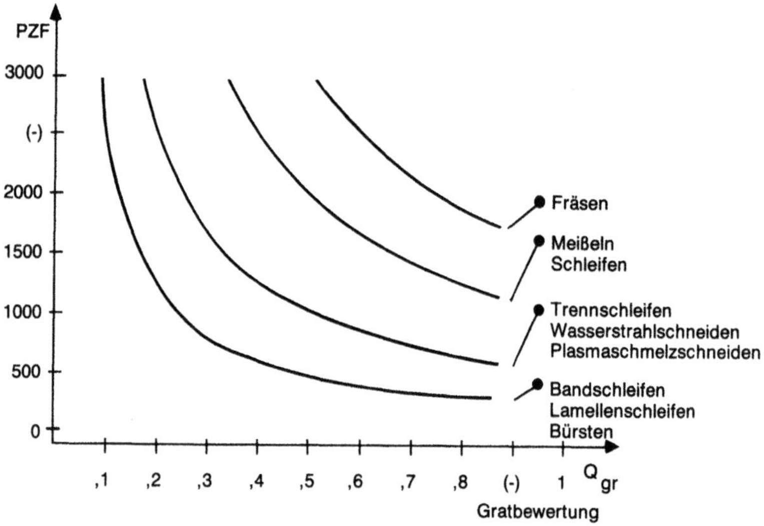

Bild 41: Empirisch ermittelte Programmierzeitfaktoren (PZF) bei unterschiedlichen Gußputzverfahren in Abhängigkeit von der Gratbewertung Q_{gr}

Es gelten dabei die folgenden Zusammenhänge:

$$T_{pz} = PZF * T_{hz} \text{ (s)}$$

PZF = Programmierzeitfaktor (-)

T_{pz} = Programmierzeit (s)

T_{hz} = Bearbeitungszeit (Werkzeug ist im Eingriff) (s)

5.3.4 Umrüstzeiten

Im Gegensatz zu den Programmierzeiten beeinflussen die Umrüstzeiten die effektive Taktzeit des Gußputzroboterarbeitsplatzes kaum, da bei geeigneter Auslegung der Anlage ein großer Anteil der Umrüstaufgaben bereits vorbereitet werden kann, ohne daß dazu die Produktion des Industrieroboters unterbrochen werden muß. Der Aufwand für Spannvorrichtungen, Magazine, Transportvorrichtungen und zusätzliche Werkzeuge bei einem Werkstückwechsel muß getrennt im Rahmen der Investitionsrechnungen betrachtet werden.

5.4 Handhabung und Ergebnisse bei der Anwendung der Systematik zur gußteilorientierten Verfahrensauswahl

Durch die Analyse der einzelnen Verfahren und die Verknüpfung mit den ermittelten Merkmalen der jeweiligen Gußteile besteht grundsätzlich die Möglichkeit der systematischen und gußteilbezogenen Verfahrensauswahl. Gleichzeitig sind nach erfolgter Verfahrensauswahl mit Hilfe eines EDV-Programmes und auf der Basis der empirisch ermittelten Leistungsdaten der einzelnen Gußputzverfahren bereits Abschätzungen über die mit den ausgewählten Verfahren erreichbaren Taktzeiten möglich, so daß hiermit ein wesentliches Hilfsmittel für die Planung von Gußputzroboter-Einsatzfällen geschaffen ist.

Problematisch ist die Handhabung des Auswahlverfahrens, die durch die Datenvielfalt und die große Anzahl der Abhängigkeiten zwischen den einzelnen Merkmalen erschwert wird. Außerdem ist eine Beantwortung der Fragestellung "Was wäre, wenn ein bestimmtes Kriterium sich durch eine Konstruktionsänderung des Gußteiles ändert?" (die sogenannte Alternativenplanung) bei einer manuellen Handhabung kaum möglich. Aus diesen Gründen ergab sich der Bedarf nach einer rechnergestützten, interaktiven Gußteilanalyse und Verfahrensauswahl für das Gußputzen mit Industrierobotern.

6 ENTWICKLUNG EINES VERFAHRENS ZUR RECHNERGESTÜTZTEN GUSSTEILANALYSE MIT VERFAHRENSAUSWAHL UND TAKTZEITBERECHNUNG

6.1 Konzeption des Verfahrens

6.1.1 Anforderungen an das Programm

Wichtigste Zielsetzung bei der Entwicklung der Software war eine möglichst einfache Bedienerführung, die eine Handhabung des Programmes auch ohne bzw. nach kurzer Anleitung ermöglicht. Vorzugsweise sollte die Dateneingabe interaktiv am Bildschirm erfolgen, wobei jedes Kriterium vom Programm aus explizit abgefragt wird. Alternativ mußte jedoch auch die Möglichkeit der Datenerfassung auf Vordrucken geschaffen werden, so daß eine Eingabe in den Rechner zu einem späteren Zeitpunkt möglich ist.

Auf der Basis der eingegeben gußteilbezogenen Daten führt das Programm die Analyse zur Bewertung der Gußteile im Hinblick auf die Einsatzmöglichkeiten eines Gußputzroboters durch. Des weiteren werden auf der Grundlage dieser Gußteildaten die am besten geeigneten Gußputzverfahren ausgewählt. Die Kriterien und Basisdaten, die zu dieser Beurteilung und Verfahrensauswahl erforderlich sind, sind im EDV-Programm als Parameter gespeichert. Das Programm ist dabei so strukturiert, daß eine Anpassung dieser Parameter und der zur Beurteilung verwendeten Algorithmen an zukünftige Forschungsergebnisse im Bereich der adaptiven Prozeßüberwachung, an neue Gußputzverfahren und an andere Gußputzwerkzeuge jederzeit möglich ist.

6.1.2 Rechnerkonfiguration

Das entwickelte EDV-Programm wurde auf einem Institutsrechner implementiert, auf dem bereits unterschiedliche Programme zur aufgabenbezogenen Auswahl von Industrierobotern zur Verfügung stehen. Dadurch besteht grundsätzlich die Möglichkeit, daß in Zukunft eine Kopplung zwischen den neuen Programmen für die Gußteilanalyse und die Verfahrensauswahl sowie den Programmen für die Industrieroboterauswahl realisiert wird.

6.1.3 Dialogstruktur

Wesentliches Merkmal der Softwarestruktur ist die einfache Bedienerführung. Seitens des Anwenders sind keine Aktionen erforderlich, zu denen nicht jeweils ausdrücklich aufgefordert wird. Andererseits steht dem Anwender jedoch die Möglichkeit offen, die Daten und Entscheidungs- bzw. Bewertungskriterien, die die Grundlage des Progammes bilden, selber zu ändern bzw. im Einzelfall den spezifischen Betriebsbedingungen anzupassen.

In jedem beliebigen Analysestadium besteht die Möglichkeit, die eingegebenen gußteilspezifischen oder gratspezifischen Daten versuchsweise zu ändern, um so z.B. zu ermitteln, welche Leistungsverbesserungen durch konstruktive und gestalterische Änderungen des untersuchten Gußteiles (z.B. anderer Gratverlauf, andere Gratlage usw.) zu erwarten sind (Alternativenplanung).

6.2 Untersuchung und Bewertung der Gußwerkstücke

6.2.1 Erfassung und Bewertung der allgemeinen gußteilbezogenen Merkmale

Die Eingabe der allgemeinen gußteilspezifischen Merkmale erfolgt interaktiv, das heißt, daß in einem Menü verschiedene Eingabemöglichkeiten angeboten werden (z.B. die verschiedenen Gießverfahren), aus denen dann lediglich eine ausgewählt werden muß.

Die Eingabe kann wahlweise direkt am Bildschirm oder (bei einer Datenerfassung im Betrieb) mit Hilfe spezieller Vordrucke erfolgen.

```
G U S S T E I L S P E Z I F I S C H E    K R I T E R I E N

  Gussteil :                                         erstes Blatt ....
=======================================================================
I                                                                     I
I Giessverfahren:                                                     I
I ===============                                                     I
I     - Druckguss                                        = 0          I
I      - Kokillenguss                                    = 1          I
I     - Feinguss                                         = 2   (   )  I
I      - Vakuumguss, Keramikguss                         = 3          I
I     - Sandguss (maschinengeformt, maskengeformt)       = 4          I
I      - Sandguss (handgeformt)                          = 5          I
-----------------------------------------------------------------------
I                                                                     I
I Aufwand fuer Spannvorrichtungen:                                    I
I =================================                                   I
I     - alle Gussputzarbeiten in einer Spann-            = 0          I
I       vorrichtung, kein Umspannen                            (   )  I
I     - alle Arbeiten in einer Vorrichtung,              = 1          I
I       mit Umspannen                                                 I
I     - mehr als eine Spannvorrichtung noetig            = 2          I
-----------------------------------------------------------------------
I                                                                     I
I Spannbarkeit:                                                       I
I =============                                                       I
I     - Gussteil einfach zu spannen                      = 0          I
I     - Gussteil schwierig zu spannen                    = 1   (   )  I
I     - um Gussteil zu spannen, sind konstruktive        = 2          I
I       Veraenderungen noetig                                         I
-----------------------------------------------------------------------
I                                                                     I
I Werkstoff:    - Grauguss     (GGL)       = 0                        I
I ==========    - Sphaeroguss (GGG)        = 1                        I
I               - Temperguss    (GT)       = 2                 (   )  I
I               - Stahlguss     (GS)       = 3                        I
I               - Leichtmetall (NE)        = 4                        I
-----------------------------------------------------------------------
I                                                  I                  I
I Gussteilgewicht ungeputzt   (Rohgewicht)     [N] I                  I
-----------------------------------------------------------------------
I                                                  I                  I
I Gussteilgewicht geputzt     (Fertigteil)     [N] I                  I
-----------------------------------------------------------------------
I                         I   Laenge   I   Breite   I   Hoehe         I
I Aussenabmessungen       I            I            I                 I
I des Fertigteils    [mm] I            I            I                 I
=======================================================================
 [ bitte die zutreffende Zahl ankreuzen bzw. eintragen ]
```

Bild 42: Vordruck für die Datenerfassung zur rechnerunterstützten Ermittlung der Kennzahl Q_{gt} (Bewertung der gußteilspezifischen Merkmale)

In Übereinstimmung mit der im Kapitel 4 beschriebenen Bewertung ermittelt das Rechnerprogramm die einzelnen Bewertungskennzahlen und unter Berücksichtigung der Gewichtungsfaktoren sodann die Kennzahl Q_{gt} sämtlicher werkstückbezogener Merkmale des jeweiligen Gußteiles.

Die Kennzahl Q_{gt} erlaubt eine Aussage darüber, ob bei der derzeitigen Gestaltung des untersuchten Gußteiles grundsätzlich der Einsatz eines Gußputzroboters möglich ist oder ob erschwerende Randbedingungen vorliegen, die den Gußputzrobotereinsatz ausschließen (Q_{gt} = 0).

G U S S T E I L S P E Z I F I S C H E   D A T E N

Giessverfahren: - Sandguss (maschinengeformt, maskengeformt)	Bewertung der Giesstoleranz: 0.09
Aufwand fuer Spannvorrichtungen: - alle Gussputzarbeiten in einer Spann- vorrichtung, kein Umspannen erforderlich - Gussteil einfach zu spannen	Bewertung des Spannaufwandes: 1.00
Werkstoff _ _ _ _ _ _ _ _ _ _: Leichtmetall Spezifisches Gewicht _ _ _ _: 2.6989 cN/ccm	
Gussteilgewicht: - ungeputzt (Rohgewicht) : 106.14 N - geputzt (Fertigteilgew.) : 105.08 N	Bewertung des Kreislauf- materialanteils: 0.99
Aussenabmessungen des geputzten Gussteils: - Laenge _ _ _ _ _ _ _ _ _: 440.00 mm - Breite _ _ _ _ _ _ _ _ _: 197.00 mm - Hoehe _ _ _ _ _ _ _ _ _ _: 134.00 mm	Bewertung der geometrischen Komplexitaet: 0.34

==> GUSSTEILSPEZIFISCHE BEWERTUNG Q_gt = 0.39

Bild 43: Rechnerausdruck mit Darstellung der gußteilspezifischen Bewertungskennzahlen

Aufgrund der systematischen Vorgehensweise kann außerdem bei jedem untersuchten Gußteil im Detail überprüft werden, welche speziellen Faktoren den Einsatz von Gußputzrobotern erschweren. Durch Änderung dieser Faktoren im Dialog mit dem EDV-

Programm (eine Art Simulation) kann nun bereits während der Planungsphase abgeschätzt werden, ob und in welchem Ausmaß das Gußteil durch gezielte Änderungen der Gußteilgeometrie und der Gußteilkonstruktion besser für den Einsatz eines Gußputzroboters geeignet wird.

Die Ausgabe der gußteilspezifischen Bewertung erfolgt wahlweise auf dem Bildschirm oder über einen Drucker.

6.2.2 Erfassung und Bewertung der technischen Merkmale einzelner Grate

Analog zur Eingabe der gußteilspezifischen Merkmale erfolgt die Eingabe der Daten einzelner Grate bzw. Gießsysteme, die im Rahmen der Gußputzarbeiten entfernt werden müssen.

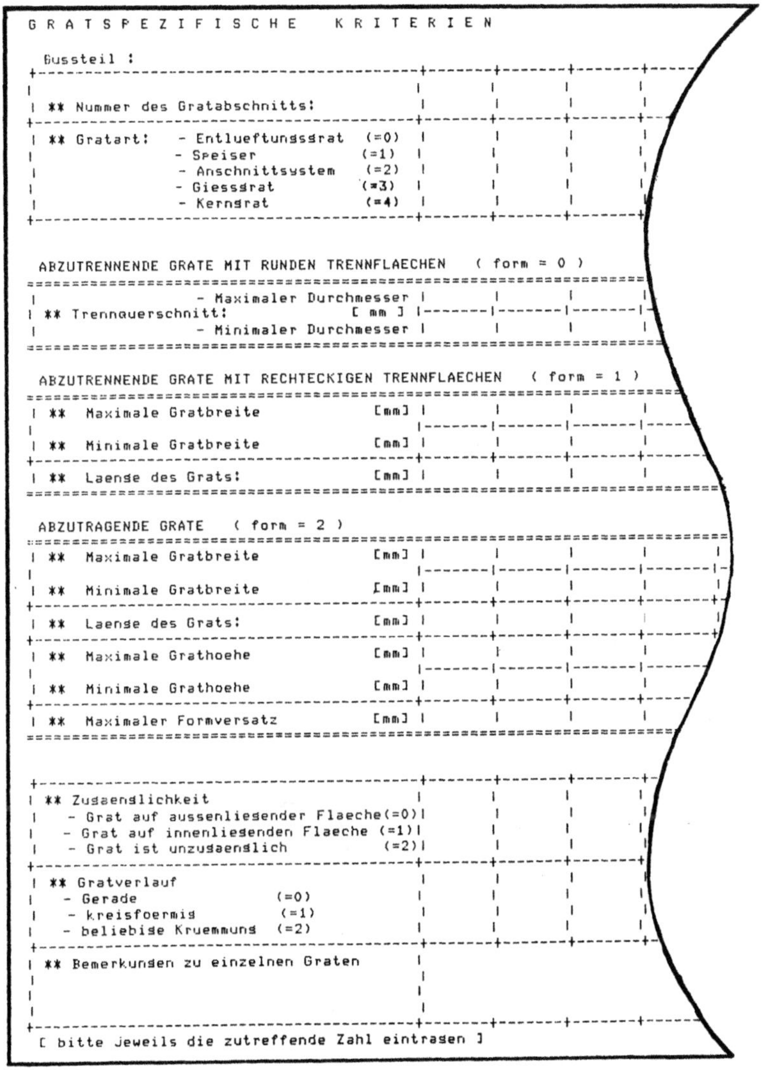

```
G R A T S P E Z I F I S C H E   K R I T E R I E N

 Gussteil :
+--------------------------------------+-------+-------+-------+----
|                                      |       |       |       |
| ** Nummer des Gratabschnitts:        |       |       |       |
+--------------------------------------+-------+-------+-------+-
| ** Gratart:  - Entlueftungsgrat (=0) |       |       |       |
|              - Speiser          (=1) |       |       |       |
|              - Anschnittsystem  (=2) |       |       |       |
|              - Giessgrat        (=3) |       |       |       |
|              - Kerngrat         (=4) |       |       |       |
+--------------------------------------+-------+-------+-------+

 ABZUTRENNENDE GRATE MIT RUNDEN TRENNFLAECHEN   ( form = 0 )
=====================================================================
|                - Maximaler Durchmesser |       |       |       |
| ** Trennquerschnitt:            [ mm ] |-------|-------|-------|-
|                - Minimaler Durchmesser |       |       |       |
=====================================================================

 ABZUTRENNENDE GRATE MIT RECHTECKIGEN TRENNFLAECHEN   ( form = 1 )
=====================================================================
| **  Maximale Gratbreite           [mm] |       |       |       |
|                                        |-------|-------|-------|----
| **  Minimale Gratbreite           [mm] |       |       |       |
+----------------------------------------+-------+-------+-------+----
| **  Laenge des Grats:             [mm] |       |       |       |
=====================================================================

 ABZUTRAGENDE GRATE   ( form = 2 )
=====================================================================
| **  Maximale Gratbreite           [mm] |       |       |       |       |
|                                        |-------|-------|-------|-------|-
| **  Minimale Gratbreite           [mm] |       |       |       |       |
+----------------------------------------+-------+-------+-------+-------+-
| **  Laenge des Grats:             [mm] |       |       |       |       |
+----------------------------------------+-------+-------+-------+-------+
| **  Maximale Grathoehe            [mm] |       |       |       |
|                                        |-------|-------|-------|------
| **  Minimale Grathoehe            [mm] |       |       |       |
+----------------------------------------+-------+-------+-------+----
| **  Maximaler Formversatz         [mm] |       |       |       |
=====================================================================


+--------------------------------------+-------+-------+-------+-
| ** Zugaenglichkeit                   |       |       |       |
|   - Grat auf aussenliegender Flaeche(=0)|     |       |       |
|  - Grat auf innenliegenden Flaeche (=1)|     |       |       |
|   - Grat ist unzugaenglich        (=2)|      |       |       |
+--------------------------------------+-------+-------+-------+
| ** Gratverlauf                       |       |       |       |
|   - Gerade              (=0)         |       |       |       |
|    - kreisfoermig        (=1)        |       |       |       |
|   - beliebige Kruemmung (=2)         |       |       |       |
+--------------------------------------+-------+-------+-------+-
| ** Bemerkungen zu einzelnen Graten   |
|                                      |
|                                      |
|                                      |
+--------------------------------------+-------+-------+-------+----
 [ bitte jeweils die zutreffende Zahl eintragen ]
```

Bild 44: Vordruck für die Datenerfassung zur rechnerunterstützten Ermittlung der Kennzahl Q_{gr} (Bewertung der gratspezifischen Merkmale)

Die Ausgabe der Bewertungskennzahlen der einzelnen Merkmale eines jeden Grates erfolgt wahlweise tabelllarisch (mit Zahlentabellen) oder grafisch (in Form von Diagrammen).

G R A T S P E Z I F I S C H E   D A T E N

Grat Nr	Gratart	Gratbeschreibung	Bewertung	Gratbewertung
1	Giessgrat	abzutragender Grat		
		Gratlaenge : 190.0 mm		
		Max. Gratbreite : 4.5 mm		
		Min. Gratbreite : 0.0 mm)	0.00	
		Max. Grathoehe : 11.5 mm		
		Min. Grathoehe : 0.0 mm)	0.00	
		Max. Formversatz : 0.9 mm)	0.00	
		Grat liegt auf einer aussenliegenden Flaeche	1.00	
		beliebige Kruemmung	0.20	0.39
2	Giessgrat	abzutragender Grat		
		Gratlaenge : 175.0 mm		
		Max. Gratbreite :	1.00	
		Min. Gratbrei	0.20	0.39
10	Giessgrat	abzutragender Grat		
		Gratlaenge : 180.0 mm		
		Max. Gratbreite : 2.7 mm		
		Min. Gratbreite : 0.0 mm)	0.00	
		Max. Grathoehe : 25.3 mm		
		Min. Grathoehe : 0.0 mm)	0.00	
		Max. Formversatz : 0.0 mm)	1.00	
		Grat liegt auf einer aussenliegenden Flaeche	1.00	
		beliebige Kruemmung	0.20	0.58

Gesamtlaenge aller Grate : 2078.00 mm
Gesamtlaenge der Grate mit Gratbewertung=0 : 0.00 mm

==> GRATSPEZIFISCHE BEWERTUNG Q_gr = 0.51 +/- 0.04

0.0 % der gesamten Gratlaenge kann nicht mit einem Industrie-Roboter geputzt werden.

100.0 % der gesamten Gratlaenge kann wohl mit einem Industrie-Roboter geputzt werden.

==> GESAMTBEWERTUNG des Gussteils Q = 0.45

Bild 45: Beispiel der tabellarischen Ausgabe der Bewertungskennzahlen einzelner gratspezifischer Merkmale

Insbesondere bei großen Gußteilen mit vielen Graten ist diese Darstellung sehr unübersichtlich, so daß die Möglichkeit der grafischen Ausgabe dieser Daten geschaffen wurde (siehe Anhang I).

Die einzelnen Bewertungskennzahlen werden in Übereinstimmung mit dem im Kapitel 4 beschriebenen Verfahren zur Ermittlung der Gesamtbewertung der einzelnen Grate gewichtet. Aus den Bewertungskennzahlen der einzelnen Grate wiederum wird dann unter Berücksichtigung der jeweiligen Gratlänge die Kennzahl zur Gesamtbewertung der gratspezifischen Merkmale abgeleitet.

6.2.3 Gesamtbewertung der Gußwerkstücke

Auf der Basis der eingegebenen Daten ermittelt das Programm die Kennzahl zur Gesamtbewertung aller Einflußgrößen, die für das Gußputzen mit einem Industrieroboter relevant sind. Diese Gesamtbewertung für sich erlaubt noch keine pauschale und absolute Aussage über die Wirtschaftlichkeit des Einsatzes eines Gußputzroboters. Sie ermöglicht jedoch den Vergleich unterschiedlicher Gußteile mit der Zielsetzung, das Gußteil mit den besten Realisierungschancen für ein Pilotprojekt auszuwählen. Außerdem können dann aufgrund der erfolgten Bewertung in den als "schwierig" beurteilten Bereichen dieses Gußteiles sehr gezielte Vorversuche durchgeführt werden.

Die Daten, die im Rahmen dieser Gußteilanalyse erfaßt worden sind, lassen sich sofort in die nächsten Programmbereiche übernehmen. Dort werden aufgrund dieser Daten die möglichen Verfahren ausgewählt, während gleichzeitig eine rechnerische Abschätzung der erreichbaren Stückzeiten erfolgt.

6.3 Iterative und werkstückorientierte Verfahrensauswahl und Taktzeitberechnung

6.3.1 Automatische Grobselektion möglicher Gußputzverfahren

In Abhängigkeit der Leistungskennzahlen der unterschiedlichen Gußputzverfahren (Bild 35 und 37) können unter Berücksichtigung der bei der Gußteilanalyse erfaßten Merkmale einzelne Verfahren sofort völlig ausgeschlossen werden. Dabei wird für jeden Grat aufgrund seiner Gratausprägung, seines Gratverlaufes, seiner Zugänglichkeit usw. überprüft, ob einzelne Gußputzverfahren auszuschließen sind. Als Ergebnis der EDV-Grobauswahl werden in tabellarischer Form für jeden Grat die selektierten Verfahren dargestellt, die zur Lösung der Gußputzaufgabe in Frage kommen.

Anwendbare Gussputzverfahren je Grat:

Grat Nr	Fraesen (0)	Buersten (1)	Meisseln (2)	Schleifen (Ker.geb.Scheiben) (3)	Schleifen (Kunstharzscheiben) (4)	Schleifen (Lamellenscheiben) (5)	Schleifen (Trennschleifen) (6)	Bandschleifen (7)	Wasserstrahlschneiden (8)	Plasmaschmelz-schneiden (9)	Zeit-optimales Verfahren
1	FVERS	ABTRA	*******	*******	*******	ABTRA	WKSTF	ABTRA	ABTRA	ABTRA	(3)
2	FVERS	ABTRA	*******	*******	*******	ABTRA	WKSTF	*******	ABTRA	ABTRA	(3)
3	FVERS	ABTRA	*******	*******	*******	ABTRA	WKSTF	*******	ABTRA	ABTRA	(3)
4	FVERS	ABTRA	*******	*******	*******	ABTRA	WKSTF	*******	ABTRA	ABTRA	(3)
5	*******	ABTRA	*******	*******	*******	ABTRA	WKSTF	*******	ABTRA	ABTRA	(3)
6	FVERS	ABTRA	FVERS	FVERS	FVERS	ABTRA	WKSTF	FVERS	ABTRA	ABTRA	keines
7	ABTRA	ABTRA	ABTRA	ABTRA	ABTRA	ABTRA	WKSTF	ABTRA	ABTRA	ABTRA	keines
8	FVERS	ABTRA	*******	*******	*******	ABTRA	WKSTF	*******	ABTRA	ABTRA	(3)
9	FVERS	ABTRA	FVERS	FVERS	FVERS	ABTRA	WKSTF	FVERS	ABTRA	ABTRA	keines
10	*******	ABTRA	*******	*******	*******	ABTRA	WKSTF	*******	ABTRA	ABTRA	(3)

Bild 46: Tabellarische Darstellung der mit Hilfe des EDV-Programmes ausgewählten und ausgeschlossen Gußputzverfahren (***** = Verfahren kann eingesetzt werden, weitere Erläuterungen siehe Anhang IV)

Unter Berücksichtigung der Ergebnisse der Verfahrensuntersuchung lassen sich die selektierten Gußputzverfahren außerdem bezüglich ihrer Anwendbarkeit ordnen. Daraus ergibt sich dann eine Prioritätenliste, die durch interaktiven Eingriff wiederum den jeweiligen betriebsspezifischen Gegebenheiten angepaßt werden kann.

6.3.2 Berechnung der erreichbaren Stückzeiten bei unterschiedlicher Kombination der möglichen Verfahren

Auf der Basis der bei den Verfahrensuntersuchungen ermittelten Leistungen der einzelnen Gußputzverfahren (Kapitel 5) sowie bei der Gußteilanalyse erfaßten gratspezifischen Daten (Kapitel 4) ist eine rechnerische Abschätzung der für jeden einzelnen Grat erforderlichen Bearbeitungszeiten möglich.

```
------------------------------------------------------------------------
I       GUSSTEILDATEI:  BEISPIEL                                        I
I       GUSSTEIL:       Zylinderkopf                                    I
------------------------------------------------------------------------
  ZEITLICHER ANTEIL DER GUSSPUTZVERFAHREN AN DER GESAMTHAUPTZEIT
------------------------------------------------------------------------
I                                                                       I
I                                                                       I
I  Fraesen _ _ _ _ _ _ _ _ _ _ _ _ :   0.0 %                            I
I  Buersten _ _ _ _ _ _ _ _ _ _ _ _ :   0.0 %   Gesamthauptzeit:        I
I  Meisseln _ _ _ _ _ _ _ _ _ _ _ _ :  28.0 %      7.1 sec              I
I  Schleifen (Ker.geb.Scheiben) _ :   0.0 %                            I
I  Schleifen (Kunstharzscheiben)  :  72.0 %   angewandte Verf.:        I
I  Schleifen (Lamellenscheiben) _ :   0.0 %        2                   I
I  Schleifen (Trennschleifen) _ _ :   0.0 %                            I
I  Bandschleifen _ _ _ _ _ _ _ _ _ :   0.0 %   bearbeitbare Grate:      I
I  Wasserstrahlschneiden _ _ _ _ :   0.0 %   7 von insgesamt 10       I
I  Plasmaschmelzschneiden _ _ _ _ :   0.0 %                            I
------------------------------------------------------------------------
     Sollen Verfahren ausgeschlossen werden?     [J/N]? :  N
```

Bild 47: Ausgabeformat mit Darstellung der Planungsergebnisse hinsichtlich der Verfahrensauswahl und der Berechnung der Bearbeitungszeiten

Auch die Nebenzeiten, das heißt die Verfahrzeiten zwischen den Graten, während derer das Werkzeug nicht im Eingriff ist, lassen sich mit Hilfe der ermittelten und verfahrensabhängigen Nebenzeitfaktoren abschätzen (Bild 39).

Eine wesentliche Rolle spielen die Programmierzeiten, die pro Gußteil jedoch nur einmal aufgewendet werden müssen und deshalb auf die jeweilige Gesamtstückzahl umgelegt werden. Zur Berücksichtigung der Programmierzeiten bei der Beurteilung der Gesamtleistung ist also die Eingabe der Gesamtstückzahl des jeweiligen Gußteiles erforderlich.

Auch in diesem Planungsstadium besteht wiederum die Möglichkeit zu überprüfen, welche Auswirkungen einzelne Änderungen (z.B. ein anderes Gußputzverfahren, andere Stückzahlen, konstruktive Änderung der Gußteile usw.) auf die Gesamtleistung einer Gußputzroboteranlage hätten.

6.3.3 Interaktive Optimierung der Verfahrensauswahl mit Taktzeitberechnung

Nach der automatisch erfolgten Verfahrensauswahl stehen im allgemeinen für jeden Grat mehrere unterschiedliche Verfahren zur Verfügung. Die weitere Auswahl erfolgt im Dialog zwischen Rechner und Benutzer, wobei der Benutzer die Möglichkeit hat, bestimmte zusätzliche Einschränkungen zu definieren. So können z.B. Gußputzverfahren aufgrund übergeordneter Kriterien aus der Verfahrensauswahl ausgeschlossen werden. Dies ist oft der Fall bei Verfahren, die einen großen Investitionsaufwand erfordern und die nicht bereits in den entsprechenden Betrieben zur Verfügung stehen (z.B. Wasserstrahlschneiden).

Die für einen einzelnen Grat möglichen Gußputzverfahren werden rechnerisch auf der Basis der erfolgten Verfahrensuntersuchung (Bild 38) geordnet. Im Dialog besteht jedoch die Möglichkeit, die Rangfolge zu ändern, falls dies aus betriebsspezifischen Gründen erforderlich oder wünschenswert ist.

Das Rechnerprogramm ermittelt aufgrund der gespeicherten Gußteildaten, wieviel unterschiedliche Gußputzverfahren zur Bearbeitung eines kompletten Gußteils erforderlich sind. Zusätzlich wird für jedes Verfahren der prozentuale Anteil der Grate, die mit diesem Verfahren entfernt werden, ermittelt und ausgegeben.

```
K R I T E R I E N   Z U R   V E R F A H R E N A U S W A H L

  Gussteil :                                          Blatt ....
================================================================
                                              I              I
 **  Prioritaeten der Gussputzverfahren       I              I
 -----------------------------------------    I              I
                   - Fraesen                  I  (2)  (  )   I
                   - Buersten                 I  (9)  (  )   I
                   - Meisseln                 I  (5)  (  )   I
                   - Schleifen (Ker.geb.Scheiben) I (3) ( )  I
                   - Schleifen (Kunstharzscheiben) I (8) ( ) I
                   - Schleifen (Lamellenscheiben) I (10) ( )  I
                   - Schleifen (Trennschleifen) I  (4)  (  )  I
                   - Bandschleifen            I  (7)  (  )   I
                   - Wasserstrahlschneiden    I  (6)  (  )   I
                   - Plasmaschmelzschneiden   I  (1)  (  )   I
 ( 1= hoechste,                               I              I
  10= niedrigste Prior.,                      IVorein-       I
   0= Verf. ausgeschlossen )                  Istellung      I
----------------------------------------------------------------
                                              I              I
 **  Anzahl der benoetigten Wendevorgaenge    I              I
----------------------------------------------------------------
                                              I              I
 **  Art der Handhabung:                      I              I
 ------------------------                     I              I
 - Gussteil-Handhabung am IR-Arbeitsplatz  =0 I              I
 - Werkzeug-Handhabung am IR-Arbeitsplatz  =1 I              I
 - Werkzeug-Handhabung in IR-Gussputzlinie =2 I              I
----------------------------------------------------------------
                                              I              I
 **  Gesamtstueckzahl der Gussteile           I              I
================================================================
 [ bitte die zutreffende Zahl ankreuzen bzw. eintragen ]
```

Bild 48: Anwenderorientierte Bestimmung von Prioritäten für die Verfahrensauswahl sowie Eingabe weiterer Daten zur Berechnung der gesamten Taktzeit

Dem Benutzer wird nun die Möglichkeit geboten, weitere Verfahren auszuschließen. Dies ist z.B. dann sinnvoll, wenn aufgrund der erfolgten Auswahl einzelne Gußputzverfahren nur für eine prozentual sehr geringe Anzahl von Gießgraten angewendet werden und diese Gießgrate auch mit anderen Verfahren entfernt werden können.

Außerdem muß der Anwender nun in diesem Stadium zur Berechnung der erforderlichen Gesamtstückzeit die Anzahl der benötigten Wendevorgänge sowie die Art der Handhabung (Werkstückhandhabung, Werkzeughandhabung) eingeben.

Das Ergebnis dieser rechnerunterstützten und interaktiven Verfahrensauswahl ist eine gußteilbezogene Darstellung der für das jeweils untersuchte Werkstück optimalen Gußputzverfahren sowie einer Aussage über den Anteil, den jedes Gußputzverfahren am gesamten Gußputzvorgang an diesem Werkstück hat. Ferner werden die Nebenzeiten und die abgeschätzten Programmierzeiten (umgelegt auf die Gesamtstückzahl) ausgegeben.

```
-----------------------------------------------------------------------

 Angewandte Verfahren und bearbeiteter Anteil
 der Grate an der Gesamtgratlaenge :
         Schleifen (Ker.geb.Scheiben) _ _ _ _ _ _ _ _ :  67.9 %

         Anteil der Grate, die nicht mit dem Guss-
         putzroboter entgratet werden koennen _ _ _ :  32.1 %
-----------------------------------------------------------------------

 Bearbeitungszeit T_hz _ _ _ _ _ _ _ _ _ _ _ _ _ _:        54.7    sec

 Nebenzeit T_nz  _ _ _ _ _ _ _ _ _ _ _ _ _ _ _ _ _:        69.7    sec

 Taktzeit T_tz _ _ _ _ _ _ _ _ _ _ _ _ _ _ _ _ _ _:       124.4    sec

 Programmierzeit T_pz  _ _ _ _ _ _ _ _ _ _ _ _ _ _:        29.6    h

 Effektive Taktzeit bei  100000 Stueck _ _ _ _ _:       125.5    sec
-----------------------------------------------------------------------
```

Bild 49: Darstellung der Ergebnisse der Verfahrensauswahl sowie der Berechnung der erreichbaren Taktzeiten

7 UMSETZUNG UND PRAKTISCHE ANWENDUNG

7.1 Anwendung des entwickelten Bewertungsverfahrens an praktischen Beispielen

7.1.1 Beschreibung der untersuchten Gußteile

Im folgenden soll die Anwendung der entwickelten Methodik zur Gußteilanalyse, Gußteilbewertung und Verfahrensauswahl beispielhaft an zwei Gußteilen gezeigt werden.

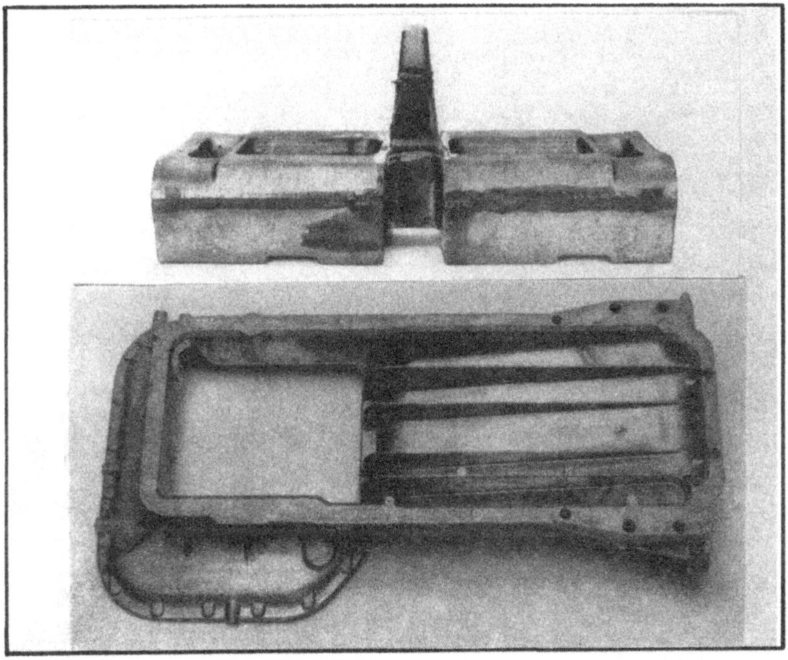

Bild 50: Darstellung der untersuchten und bewerteten Gußteile (Stahlhalter aus Sandguß und Leichtmetall-Gehäusedeckel aus Druckguß)

Das erste der beiden untersuchten Teile ist ein Stahlhalter, welches im Maskenformverfahren hergestellt wird. Bisher wird dieses Teil völlig manuell geputzt. Zum Gußputzen werden sehr unterschiedliche Werkzeuge eingesetzt (Schleifscheibe, Fräser, Winkelschleifer, Schleifstift).

Das zweite Teil ist ein Gehäusedeckel aus Leichtmetall (Druckguß). Im Vergleich zu dem Stahlhalter liegen hier völlig andere Gratausprägungen vor. Die Grate sind am Gratfuß wesentlich schmaler, dafür aber höher. Außerdem unterliegt beim Druckguß die Grathöhe sehr großen Toleranzen. Auch dieses Werkstück wird bisher manuell geputzt.

Im folgenden sollen für beide Gußteile die zur Bewertung der Einsatzmöglichkeiten eines Gußputzroboters erforderlichen Merkmale untersucht werden. Aufgrund der Analyseergebnisse erfolgt dann die interaktive und werkstückorientierte Verfahrensauswahl, die außerdem am Beispiel des Stahlhalters durch praktische Versuche überprüft wird.

7.1.2 Erfassung der zur Gußteilanalyse erforderlichen Daten

Die sytematische Erfassung der zur Gußteilanalyse erforderlichen Daten ist in dem Bewertungsverfahren schematisiert und verursacht keine Schwierigkeiten. Bei der Erfassung der Gratabmessungen wurden von insgesamt 10 Gußteilen jeweils die Maximal- und Minimalwerte ermittelt und im EDV-Bewertungsprogramm gespeichert. Die Erfassung erfolgte mit Hilfe der dazu erstellten Vordrucke (siehe Anhang II).

Auf der Basis der eingegebenen Daten wurde im Rechner eine vollständige Gußteilanalyse und -bewertung durchgeführt.

7.1.3 Ausgabe der ermittelten Bewertungskennzahlen

Die rechnerisch ermittelten Bewertungskennzahlen können wahlweise auf einem Bildschirm dargestellt oder tabellarisch ausgedruckt werden.

```
G U S S T E I L S P E Z I F I S C H E   D A T E N
------------------------------------------------+--------------------------!
                                                !                          !
 Giessverfahren:                                ! Bewertung der            !
      - Sandguss (maschinengeformt, maskengeformt) ! Giesstoleranz:    0.11 !
------------------------------------------------+--------------------------!
                                                !                          !
 Aufwand fuer Spannvorrichtungen:               !                          !
      - alle Gussputzarbeiten in einer Spann-   !                          !
        vorrichtung, Umspannen erforderlich     !                          !
                                                ! Bewertung des            !
      - Gussteil einfach zu spannen             ! Spannaufwandes:   0.70   !
------------------------------------------------+--------------------------!
                                                !                          !
 Werkstoff _ _ _ _ _ _ _ _ _ _:  Stahlguss      !                          !
                                                !                          !
 Spezifisches Gewicht _ _ _ _:   7.8000  cN/ccm !                          !
------------------------------------------------+--------------------------!
                                                !                          !
 Gussteilgewicht:                               ! Bewertung des            !
  - ungeputzt (Rohgewicht)   :     87.00  N     ! Kreislauf-               !
  - geputzt (Fertigteilgew.) :     86.50  N     ! materialanteils:  0.99   !
------------------------------------------------+--------------------------!
                                                !                          !
 Aussenabmessungen des geputzten Gussteils:     !                          !
  - Laenge  _ _ _ _ _ _ _ _ _ _:   355.00  mm   ! Bewertung der            !
  - Breite  _ _ _ _ _ _ _ _ _ _:   143.00  mm   ! geometrischen            !
  - Hoehe _ _ _ _ _ _ _ _ _ _ _:   155.00  mm   ! Komplexitaet:     0.14   !
------------------------------------------------+--------------------------!

             .--------------------------------------------------------.
             !   ==>  GUSSTEILSPEZIFISCHE BEWERTUNG   Q_gt =    0.29   !
             '--------------------------------------------------------'
```

Bild 51: Bewertung der gußteilspezifischen Merkmale des Stahlhalters

```
G U S S T E I L S P E Z I F I S C H E   D A T E N
-------------------------------------------------+---------------------------!
                                                  !                            !
 Giessverfahren:                                  ! Bewertung der              !
     - Druckguss                                  ! Giesstoleranz:      0.31   !
-------------------------------------------------+---------------------------!
                                                  !                            !
 Aufwand fuer Spannvorrichtungen:                 !                            !
     - mehr als eine Spannvorrichtung erforderlich !                           !
                                                  ! Bewertung des              !
     - Gussteil schwierig zu spannen              ! Spannaufwandes:     0.10   !
-------------------------------------------------+---------------------------!
                                                  !                            !
 Werkstoff _ _ _ _ _ _ _ _ _ _:   Leichtmetall    !                            !
                                                  !                            !
 Spezifisches Gewicht _ _ _ _:   2.6989  cN/ccm   !                            !
-------------------------------------------------+---------------------------!
                                                  !                            !
 Gussteilgewicht:                                 ! Bewertung des              !
  - ungeputzt (Rohgewicht)   :     47.28  N       ! Kreislauf-                 !
  - geputzt (Fertigteilgew.) :     47.25  N       ! materialanteils:    1.00   !
-------------------------------------------------+---------------------------!
                                                  !                            !
 Aussenabmessungen des geputzten Gussteils:       !                            !
  - Laenge _ _ _ _ _ _ _ _ _ _:   655.00  mm      ! Bewertung der              !
  - Breite _ _ _ _ _ _ _ _ _ _:   350.00  mm      ! geometrischen              !
  - Hoehe _ _ _ _ _ _ _ _ _ _ _:  119.00  mm      ! Komplexitaet:       0.06   !
-------------------------------------------------+---------------------------!

                  ,--------------------------------------------------------.
                  !   ==>  GUSSTEILSPEZIFISCHE BEWERTUNG   Q_gt =   0.27   !
                  `--------------------------------------------------------'
```

Bild 52: Bewertung der gußteilspezifischen Merkmale des Gehäusedeckels

Aus der Bewertung ergeben sich bezüglich der einzelnen Merkmale deutliche Unterschiede zwischen den beiden Gußteilen. Der Gehäusedeckel hat auf Grund des Gießverfahrens (Druckguß) kleinere relative Gießtoleranzen. Obwohl die Abmessungen des Gehäusedeckels bedeutend größer sind, ergeben sich durch die kleineren Toleranzen trotzdem geringere absolute Maßabweichungen. Die Bewertung des Gießverfahrens und der Gießtoleranz im Hinblick auf die Automatisierung ist somit bei dem Druckgußteil bedeutend besser als bei dem Stahlhalter (siehe auch Bild 12).

Der Spannaufwand ist bei dem Stahlhalter einfacher. Beide Teile müssen umgespannt werden, damit die auf den gesamten Umfang verteilten Grate entfernt werden können. Während jedoch bei dem Stahlhalter auch nach dem Wenden dieselbe Spannvorrichtung verwendet werden kann (dazu wird das Teil in vier seitlich angebrachten Bohrungen aufgenommen), müssen für den Gehäusedeckel zwei unterschiedliche Spannvorrichtungen gefertigt werden. Bei dem Druckgußteil fehlen ferner geeignete Referenz- bzw. Spannflächen; dies erschwert den Spannvorgang zusätzlich.

Bei beiden Gußteilen muß kaum Kreislaufmaterial entfernt werden, so daß diesbezüglich eine nahezu gleiche Bewertung erfolgte.

Beide Gußteile wurden bezüglich ihrer geometrischen Komplexität schlecht bewertet. Der Gehäusedeckel ist ein dünnwandiges Bauteil mit vielen innenliegenden Räumen. Der Stahlhalter ist hingegen wesentlich kompakter.

Insgesamt ergibt sich aus der gewichteten Bewertung der allgemeinen werkstückbezogenen Kriterien, daß der Stahlhalter etwas besser für das Gußputzen mit einem Industrieroboter geeignet ist als der Gehäusedeckel.

Zusätzlich zu den gußteilbezogenen Merkmalen wurden auch die gratbezogenen Merkmale analysiert und bewertet. Die Ergebnisse sind im Anhang III dargestellt.

Bei beiden Gußteilen tritt nur an einzelnen Graten ein Formversatz auf. Es wäre zu überprüfen, ob dieser Formversatz durch gießtechnische bzw. formtechnische Maßnahmen eliminiert oder reduziert werden kann.

Die Zugänglichkeit zu den einzelnen Graten ist auch bei beiden ähnlich. Bei beiden Gußteilen kommen innenliegende Grate vor, die den Gußputzvorgang durch ihre Lage erschweren. Alle Grate sind jedoch zugänglich.

Aus den Bewertungskennzahlen des Gratverlaufes ist ersichtlich, daß insbesondere bei dem Gehäusedeckel die Grate einen mathematisch nicht geschlossen darstellbaren Gratverlauf haben (räumlich gekrümmte Bahnen). Dies läßt sich gießtechnisch kaum vermeiden; die Verfahrensauswahl wird dadurch jedoch beeinträchtigt und der Programmieraufwand (beim Teach-in) erhöht sich beachtlich. Bei dem Stahlhalter haben die meisten Grate einen geraden Verlauf.

Gratbreite und Grathöhe unterliegen bei dem Gehäusedeckel aus Druckguß sehr großen Toleranzen. Aus der Tabelle mit den Bewertungskennzahlen (Anhang III) ergibt sich, daß viele Grate nicht an jedem Gußteil auftreten (die minimale Gratbreite kann 0 mm betragen). In diesem Fall ist somit auch die minimale Grathöhe $h_{gr} = 0$. Dies ist beim manuellen Gußputzen vorteilhaft, weil der Gußputzer nur dort putzen muß, wo tatsächlich ein Grat vorhanden ist. Bei einer Automatisierung des Gußputzens verursacht dies jedoch beim derzeitigen Stand der Technik wegen der erforderlichen adaptiven Prozeßüberwachung noch Probleme und es stellt sich die Frage, ob die Problematik der Anpassung an unterschiedliche Gratbreiten und Grathöhen nicht durch das Angießen konstanter "Soll-Grate" mit jeweils gleichbleibender Gratbreite und Grathöhe vereinfacht werden könnte.

Bei dem Stahlgußteil haben die Grate zwar größere Ausprägungen (größere Gratbreite und Grathöhe), die Toleranzen sind jedoch geringer, so daß sich letztendlich für dieses Werkstück eine bessere Bewertung ergibt. Die größere Gratausprägung hat lediglich auf die Verfahrensauswahl und die Taktzeitberechnung einen Einfluß.

Im übrigen zeigt sich, daß die gesamte Gratlänge bei dem Gehäusedeckel mehr als doppelt so lang ist wie die Gratlänge des Stahlhalters. Grundsätzlich können bei beiden Werkstücken alle Grate automatisch entfernt werden (100 %).

Sowohl bei der allgemeinen werkstückorientierten Bewertung als auch bei der gratbezogenen Bewertung im Hinblick auf den Einsatz eines Gußputzroboters ergeben sich für den Stahlhalter deutlich Vorteile. Dies ist in diesem Untersuchungsstadium eine relative und vergleichende Bewertung. Um eine Aussage über die Wirtschaftlichkeit machen zu können, sind weitere Angaben, z.B. bezüglich der Verfahrensauswahl oder des Programmieraufwandes, erforderlich.

7.2 Werkstückorientierte Verfahrensauswahl

7.2.1 Automatische Selektion der Gußputzverfahren

Da es sich bei den Graten der untersuchten Gußteile ausnahmslos um Gießgrate handelt, die mit einem abtragenden und nicht mit einem trennenden Verfahren zu bearbeiten sind, hat das Rechnerprogramm Verfahren wie das Plasmaschmelzschneiden und das Trennschleifen aufgrund der vorgegebenen Selektionskriterien ausgeschlossen. In den folgenden Abbildungen ist ein Rechnerausdruck mit sämtlichen gußputzrobotergerechten Verfahren sowie den an diesem Gußteil möglichen Verfahren dargestellt.

Anwendbare Gussputzverfahren je Grat:

Grat Nr	(0) Fraesen	(1) Buersten	(2) Meisseln	(3) Schleifen (Ker.geb.Scheiben)	(4) Schleifen (Kunstharzscheiben)	(5) Schleifen (Lamellenscheiben)	(6) Schleifen (Trennschleifen)	(7) Bandschleifen	(8) Wasserstrahlschneiden	(9) Plasmaschmelz-schneiden	Zeit-optimales Verfahren
1	FVERS	WKSTF	*******	*******	*******	WKSTF	ABTRA	*******	WKSTF	ABTRA	(3)
2	FVERS	WKSTF	*******	*******	*******	WKSTF	ABTRA	*******	WKSTF	ABTRA	(3)
3	FVERS	WKSTF	*******	*******	*******	WKSTF	ABTRA	*******	WKSTF	ABTRA	(3)
4	FVERS	WKSTF	*******	*******	*******	WKSTF	ABTRA	*******	WKSTF	ABTRA	(3)
5	ABTRA	WKSTF	ABTRA	*******	ABTRA	WKSTF	ABTRA	ABTRA	WKSTF	ABTRA	(3)
6	ABTRA	WKSTF	ABTRA	*******	ABTRA	WKSTF	ABTRA	ABTRA	WKSTF	ABTRA	(3)
7	*******	WKSTF	*******	*******	*******	WKSTF	ABTRA	ABTRA	WKSTF	ABTRA	(3)
8	*******	WKSTF	*******	*******	*******	WKSTF	ABTRA	ABTRA	WKSTF	ABTRA	(3)
9	ABTRA	WKSTF	ABTRA	*******	ABTRA	WKSTF	ABTRA	ABTRA	WKSTF	ABTRA	(3)
10	*******	WKSTF	*******	*******	*******	WKSTF	ABTRA	*******	WKSTF	ABTRA	(3)
11	*******	WKSTF	*******	*******	*******	WKSTF	ABTRA	*******	WKSTF	ABTRA	(3)
12	*******	WKSTF	*******	*******	*******	WKSTF	ABTRA	*******	WKSTF	ABTRA	(3)
13	*******	WKSTF	*******	*******	*******	WKSTF	ABTRA	*******	WKSTF	ABTRA	(3)
14	*******	WKSTF	*******	*******	*******	WKSTF	ABTRA	*******	WKSTF	ABTRA	(3)
15	*******	WKSTF	*******	*******	*******	WKSTF	ABTRA	*******	WKSTF	ABTRA	(3)
16	*******	WKSTF	*******	*******	*******	WKSTF	ABTRA	*******	WKSTF	ABTRA	(3)
17	ABTRA	WKSTF	ABTRA	*******	ABTRA	WKSTF	ABTRA	ABTRA	WKSTF	ABTRA	(3)
18	*******	WKSTF	*******	*******	*******	WKSTF	ABTRA	*******	WKSTF	ABTRA	(3)
19	*******	WKSTF	*******	*******	*******	WKSTF	ABTRA	*******	WKSTF	ABTRA	(3)
20	*******	WKSTF	*******	*******	*******	WKSTF	ABTRA	*******	WKSTF	ABTRA	(3)

Bild 53: Rechnerausdruck mit einer Übersicht über die für den Stahlhalter ausgewählten Gußputzverfahren (***** = Verfahren kann eingesetzt werden, weitere Erläuterungen siehe Anhang IV)

Anwendbare Gussputzverfahren Je Grat:

Grat Nr	Fraesen (0)	Buersten (1)	Meisseln (2)	Schleifen (Ker.geb.Scheiben) (3)	Schleifen (Kunstharzscheiben) (4)	Schleifen (Lamellenscheiben) (5)	Schleifen (Trennschleifen) (6)	Bandschleifen (7)	Wasserstrahlschneiden (8)	Plasmaschmelz-schneiden (9)	Zeit-optimales Verfahren
1	FVERS	ABTRA	*******	PRIOR	*******	ABTRA	WKSTF	*******	ABTRA	ABTRA	(7)
2	*******	ABTRA	*******	PRIOR	*******	*******	WKSTF	*******	ABTRA	ABTRA	(0)
3	*******	*******	*******	PRIOR	*******	*******	WKSTF	*******	ABTRA	ABTRA	(0)
4	*******	ABTRA	*******	PRIOR	*******	*******	WKSTF	*******	ABTRA	ABTRA	(0)
5	FVERS	ABTRA	*******	PRIOR	*******	ABTRA	WKSTF	*******	ABTRA	ABTRA	(7)
6	*******	ABTRA	*******	PRIOR	*******	ABTRA	WKSTF	*******	ABTRA	ABTRA	(0)
7	*******	*******	*******	PRIOR	*******	*******	WKSTF	*******	ABTRA	ABTRA	(0)
8	*******	ABTRA	*******	PRIOR	*******	*******	WKSTF	*******	ABTRA	ABTRA	(0)
9	*******	ABTRA	*******	PRIOR	*******	*******	WKSTF	*******	ABTRA	ABTRA	(0)
10	*******	ABTRA	*******	PRIOR	*******	ABTRA	WKSTF	ABTRA	ABTRA	ABTRA	(0)
11	*******	*******	*******	PRIOR	*******	*******	WKSTF	*******	ABTRA	ABTRA	(0)
12	*******	ABTRA	*******	PRIOR	*******	*******	WKSTF	*******	ABTRA	ABTRA	(0)
13	*******	ABTRA	*******	PRIOR	*******	*******	WKSTF	*******	ABTRA	ABTRA	(0)
14	*******	ABTRA	*******	PRIOR	*******	*******	WKSTF	*******	ABTRA	ABTRA	(0)
15	*******	ABTRA	*******	PRIOR	*******	ABTRA	WKSTF	*******	ABTRA	ABTRA	(0)
16	*******	*******	*******	PRIOR	*******	*******	WKSTF	*******	ABTRA	ABTRA	(0)
17	*******	*******	*******	PRIOR	*******	*******	WKSTF	*******	ABTRA	ABTRA	(0)

Bild 54: Rechnerausdruck mit einer Übersicht über die für den Gehäusedeckel ausgewählten Gußputzverfahren (***** = Verfahren kann eingesetzt werden, weitere Erläuterungen siehe Anhang IV)

Wie aus den Tabellen ersichtlich, wurden bei dem Stahlhalter einige Verfahren völlig ausgeschlossen. Die Verfahren Bürsten, Meißeln, Lamellenschleifen und Wasserstrahlschneiden lassen sich bei Stahlguß nicht anwenden. Das Plasmaschmelzschneiden und das Trennschleifen kommt nicht in Frage, da keine Grate oder Angußsysteme abgetrennt werden müssen. Die übrigen Verfahren sind anwendbar, wobei das Schleifen mit keramisch gebundenen Scheiben die höchsten Abtragsraten ermöglicht. Bei dem Gehäusedeckel aus Leichtmetall wurden ebenfalls verschiedene Verfahren automatisch ausgeschlossen. Die Begründung ergibt sich aus dem Rechnerausdruck.

In einem weiteren Schritt ist es nun notwendig, daß für jeden einzelnen Grat eine interaktive Verfahrensauswahl erfolgt. Dabei wird nun erstmals vom Anwender des EDV-Programms ein gewisser Überblick über die Möglichkeiten und Grenzen der einzelnen Verfahren verlangt.

7.2.2 Interaktive Optimierung der Verfahrensauswahl

Im bisherigen Verlauf der Verfahrensauswahl wurden lediglich Verfahren ausgeschlossen. Ferner wurde ermittelt, welches der möglichen Gußputzverfahren über die größte maximale Abtragsrate bzw. Schnittleistung verfügt (auf der Grundlage der Versuchsergebnisse, siehe rechte Spalte Bild 53 und 54). Im weiteren Verlauf der werkstückorientierten Verfahrensauswahl kann nun zuerst die rechnerinterne Priorität einzelner Verfahren, die aus den Leistungsdaten abgeleitet wird, modifiziert werden. Dies ist z.B. dann erforderlich, wenn ein Verfahren wie das Plasmaschmelzschneiden zwar die größte Leistung erbringt, dies Verfahren jedoch in dem jeweiligen Betrieb nicht zur Verfügung steht und deshalb ausgeschlossen werden muß. Diese Eingabe erfolgt interaktiv am Bildschirm. Das Ergebnis dieser Verfahrensauswahl, bei der auch die betriebsspezifischen Kriterien berücksichtigt worden sind, ist an dem Beispiel der beiden untersuchten Werkstücke in den folgenden Bildern dargestellt.

Anwendbare Gussputzverfahren je Grat:

Grat Nr	Fraesen (0)	Buersten (1)	Meisseln (2)	Schleifen (Ker.geb.Scheiben) (3)	Schleifen (Kunstharzscheiben) (4)	Schleifen (Lamellenscheiben) (5)	Schleifen (Trennschleifen) (6)	Bandschleifen (7)	Wasserstrahlschneiden (8)	Plasmaschmelz-schneiden (9)	Zeit-optimales Verfahren
1	FVERS	WKSTF	*******	NICHT	NICHT	WKSTF	ABTRA	*******	WKSTF	ABTRA	(7)
2	FVERS	WKSTF	*******	NICHT	NICHT	WKSTF	ABTRA	*******	WKSTF	ABTRA	(7)
3	FVERS	WKSTF	*******	NICHT	NICHT	WKSTF	ABTRA	*******	WKSTF	ABTRA	(7)
4	FVERS	WKSTF	*******	NICHT	NICHT	WKSTF	ABTRA	*******	WKSTF	ABTRA	(7)
5	ABTRA	WKSTF	ABTRA	*******	ABTRA	WKSTF	ABTRA	ABTRA	WKSTF	ABTRA	(3)
6	ABTRA	WKSTF	ABTRA	*******	ABTRA	WKSTF	ABTRA	ABTRA	WKSTF	ABTRA	(3)
7	*******	WKSTF	*******	*******	*******	WKSTF	ABTRA	ABTRA	WKSTF	ABTRA	(3)
8	*******	WKSTF	*******	*******	*******	WKSTF	ABTRA	ABTRA	WKSTF	ABTRA	(3)
9	ABTRA	WKSTF	ABTRA	*******	ABTRA	WKSTF	ABTRA	ABTRA	WKSTF	ABTRA	(3)
10	*******	WKSTF	*******	*******	*******	WKSTF	ABTRA	*******	WKSTF	ABTRA	(3)
11	*******	WKSTF	*******	NICHT	NICHT	WKSTF	ABTRA	*******	WKSTF	ABTRA	(0)
12	*******	WKSTF	*******	NICHT	NICHT	WKSTF	ABTRA	*******	WKSTF	ABTRA	(0)
13	*******	WKSTF	*******	NICHT	NICHT	WKSTF	ABTRA	*******	WKSTF	ABTRA	(0)
14	*******	WKSTF	*******	NICHT	NICHT	WKSTF	ABTRA	*******	WKSTF	ABTRA	(0)
15	*******	WKSTF	*******	NICHT	NICHT	WKSTF	ABTRA	*******	WKSTF	ABTRA	(0)
16	*******	WKSTF	*******	NICHT	NICHT	WKSTF	ABTRA	*******	WKSTF	ABTRA	(0)
17	ABTRA	WKSTF	ABTRA	*******	ABTRA	WKSTF	ABTRA	ABTRA	WKSTF	ABTRA	(3)
18	NICHT	WKSTF	NICHT	NICHT	NICHT	WKSTF	ABTRA	*******	WKSTF	ABTRA	(7)
19	NICHT	WKSTF	NICHT	NICHT	NICHT	WKSTF	ABTRA	*******	WKSTF	ABTRA	(7)
20	NICHT	WKSTF	NICHT	NICHT	NICHT	WKSTF	ABTRA	*******	WKSTF	ABTRA	(7)

Bild 55: Darstellung der im Dialog zwischen Planer und EDV-Programm ausgewählten Verfahren für das Gußputzen des Stahlhalters (***** = Verfahren kann eingesetzt werden, weitere Erläuterungen siehe Anhang IV)

In Bild 55 ist am Beispiel des Stahlhalters dargestellt, welche Gußputzverfahren im Dialog ausgeschlossen wurden. Bei den Graten 1 - 4 und 18 - 20 mußte das Schleifen wegen der an diesen Stellen geforderten Oberflächenqualitäten ausgeschlossen werden. Bei den Graten 5 - 10 und 17 (optimales Verfahren: Schleifen mit keramisch gebundenen Scheiben) waren keine interaktiven Änderungen erforderlich. Bei den Graten 11 - 16 mußten die schleifenden Verfahren wegen der äußerst schlechten Zugänglichkeit und des teilweise komplexen Gratverlaufes ausgeschlossen werden.

Bei dem Gehäusedeckel aus Leichtmetall wurden im Dialog wegen der schlechten erreichbaren Oberflächenqualitäten das Schleifen mit keramisch gebundenen Scheiben und das Meißeln ausgeschlossen.

Anwendbare Gussputzverfahren je Grat:

Grat Nr	Fraesen (0)	Buersten (1)	Meisseln (2)	Schleifen (Ker.geb.Scheiben) (3)	Schleifen (Kunstharzscheiben) (4)	Schleifen (Lamellenscheiben) (5)	Schleifen (Trennschleifen) (6)	Bandschleifen (7)	Wasserstrahlschneiden (8)	Plasmaschmelzschneiden (9)	Zeitoptimales Verfahren
1	FVERS	ABTRA	NICHT	PRIOR	NICHT	ABTRA	WKSTF	*******	ABTRA	ABTRA	(7)
2	*******	ABTRA	NICHT	PRIOR	NICHT	NICHT	WKSTF	*******	ABTRA	ABTRA	(0)
3	*******	*******	NICHT	PRIOR	NICHT	NICHT	WKSTF	NICHT	ABTRA	ABTRA	(0)
4	*******	ABTRA	NICHT	PRIOR	NICHT	NICHT	WKSTF	NICHT	ABTRA	ABTRA	(0)
5	FVERS	ABTRA	NICHT	PRIOR	NICHT	ABTRA	WKSTF	*******	ABTRA	ABTRA	(7)
6	*******	ABTRA	NICHT	PRIOR	NICHT	ABTRA	WKSTF	NICHT	ABTRA	ABTRA	(0)
7	*******	*******	NICHT	PRIOR	NICHT	NICHT	WKSTF	NICHT	ABTRA	ABTRA	(0)
8	*******	ABTRA	NICHT	PRIOR	NICHT	NICHT	WKSTF	NICHT	ABTRA	ABTRA	(0)
9	*******	ABTRA	NICHT	PRIOR	NICHT	NICHT	WKSTF	NICHT	ABTRA	ABTRA	(0)
10	*******	ABTRA	NICHT	PRIOR	NICHT	ABTRA	WKSTF	ABTRA	ABTRA	ABTRA	(0)
11	*******	NICHT	NICHT	PRIOR	NICHT	NICHT	WKSTF	NICHT	ABTRA	ABTRA	(0)
12	*******	ABTRA	NICHT	PRIOR	NICHT	NICHT	WKSTF	NICHT	ABTRA	ABTRA	(0)
13	*******	ABTRA	NICHT	PRIOR	NICHT	NICHT	WKSTF	NICHT	ABTRA	ABTRA	(0)
14	*******	ABTRA	NICHT	PRIOR	NICHT	NICHT	WKSTF	NICHT	ABTRA	ABTRA	(0)
15	*******	ABTRA	NICHT	PRIOR	NICHT	ABTRA	WKSTF	NICHT	ABTRA	ABTRA	(0)
16	*******	*******	NICHT	PRIOR	NICHT	NICHT	WKSTF	NICHT	ABTRA	ABTRA	(0)
17	*******	*******	NICHT	PRIOR	NICHT	NICHT	WKSTF	NICHT	ABTRA	ABTRA	(0)

Bild 56: Übersicht über die im Dialog zwischen Planer und Rechenprogramm ausgewählte Verfahren für das Gußputzen des Gehäusedeckels (***** = Verfahren kann eingesetzt werden, weitere Erläuterungen siehe Anhang IV)

7.2.3 Ergebnisse der werkstückorientierten Verfahrensauswahl und Taktzeitberechnung

Aufgrund der interaktiv erfolgten Verfahrensauswahl sowie der eingegebenen Daten bzgl. Werkzeugwechsel, Gesamtstückzahl usw. steht nun das folgende Ergebnis zur Verfügung.

```
--------------------------------------------------------------------------
 Angewandte Verfahren und bearbeiteter Anteil
 der Grate an der Gesamtgratlaenge :
         Fraesen _ _ _ _ _ _ _ _ _ _ _ _ _ _ _ _ _ _ :  37.6 %
         Schleifen (Ker.geb.Scheiben) _ _ _ _ _ _ _ :  23.0 %
         Bandschleifen  _ _ _ _ _ _ _ _ _ _ _ _ _ _ :  39.5 %

         Anteil der Grate, die nicht mit dem Guss-
         putzroboter entgratet werden koennen _ _ _ :   0.0 %
--------------------------------------------------------------------------

 Bearbeitungszeit T_hz _ _ _ _ _ _ _ _ _ _ _ _ _:         92.9    sec

 Nebenzeit T_nz  _ _ _ _ _ _ _ _ _ _ _ _ _ _ _ _:        125.6    sec

 Taktzeit T_tz _ _ _ _ _ _ _ _ _ _ _ _ _ _ _ _ _:        218.5    sec

 Programmierzeit T_pz  _ _ _ _ _ _ _ _ _ _ _ _ _:         45.9    h

 Effektive Taktzeit bei  120000 Stueck _ _ _ _ _:        219.9    sec
--------------------------------------------------------------------------
```

Bild 57: Ergebnis der Verfahrensauswahl und der Taktzeitberechnung für den Stahlhalter

```
--------------------------------------------------------------------------
 Angewandte Verfahren und bearbeiteter Anteil
 der Grate an der Gesamtgratlaenge :
         Fraesen _ _ _ _ _ _ _ _ _ _ _ _ _ _ _ _ _ _ :  74.3 %
         Bandschleifen  _ _ _ _ _ _ _ _ _ _ _ _ _ _ :  25.7 %

         Anteil der Grate, die nicht mit dem Guss-
         putzroboter entgratet werden koennen _ _ _ :   0.0 %
--------------------------------------------------------------------------

 Bearbeitungszeit T_hz _ _ _ _ _ _ _ _ _ _ _ _ _:        371.0    sec

 Nebenzeit T_nz  _ _ _ _ _ _ _ _ _ _ _ _ _ _ _ _:        288.2    sec

 Taktzeit T_tz _ _ _ _ _ _ _ _ _ _ _ _ _ _ _ _ _:        659.2    sec

 Programmierzeit T_pz  _ _ _ _ _ _ _ _ _ _ _ _ _:        243.8    h

 Effektive Taktzeit bei  200000 Stueck _ _ _ _ _:        663.6    sec
```

Bild 58: Ergebnis der Verfahrensauswahl und der Taktzeitberechnung für den Gehäusedeckel

Während bei dem Stahlhalter insgesamt drei Verfahren zum Gußputzen eingesetzt werden müssen (Fräsen, Schleifen mit keramisch gebundenen Scheiben und Bandschleifen) genügen bei dem Gehäusedeckel die beiden Verfahren Fräsen und Bandschleifen. Das Verhältnis zwischen den Nebenzeiten und den effektiven Bearbeitungszeiten ist bei dem Gehäusedeckel bedeutend geringer als bei dem Stahlhalter. Aus der Berechnung ergeben sich ferner Programmierzeiten von ca. 46 bzw. 244 Stunden. Diese Zahlen entsprechen dem Schwierigkeitsgrad der Programmierung, da jedoch in beiden Fällen sehr große Stückzahlen vorliegen (120.000 bzw. 200.000), hat die Programmierzeit einen nur unwesentlichen Einfluß auf die effektive Leistung und Taktzeit der Anlage.

7.3 Praktische Überprüfung der Untersuchungsergebnisse am Beispiel des Stahlhalters

7.3.1 Verfahrensauswahl

Die EDV-gestützte Verfahrensauswahl wurde am Beispiel des Stahlhalters durch Laborversuche überprüft. Dabei konnte nachgewiesen werden, daß die vom Rechenprogramm ausgewählten Verfahren (siehe Bild 55) auch tatsächlich angewendet werden können. Lediglich an den Graten 7 ... 10 zeigte sich bei diesen Versuchen, daß das ausgewählte Verfahren (Schleifen) zwar eingesetzt werden kann, daß jedoch bei diesen speziellen Graten aus Qualitätsgründen eine Nacharbeit mit einem Fräswerkzeug erforderlich ist.

7.3.2 Taktzeitabschätzung

Aufgrund der erfolgten Verfahrensauswahl und der im Rahmen der Untersuchungen ermittelten Leistungsdaten der einzelnen Verfahren wurde abgeschätzt, daß die Taktzeit ca. 220 s beträgt. Bei den Laborversuchen wurde nach Optimierung der Nebenzeiten (kurze Wege usw.) eine Taktzeit von 236,6 s ermittelt. Bei diesen Versuchen erfolgte der Bewegungsablauf des Gußputzroboters programmgesteuert, d.h. ohne adaptive Anpassung an unterschiedliche Gratausprägungen oder andere Toleranzen. Eine Untersuchung zeigte, daß die Differenz von 7 % zwischen der berechneten und der tatsächlichen Taktzeit im wesentlichen darauf zurückzuführen ist, daß bei den Graten 7 ... 10, die aufgrund der besseren Abtragsraten zuerst mit einer Schleifscheibe entfernt wurden, aus Qualitätsgründen ein zusätzlicher Fräsvorgang erforderlich war (Nacharbeit).

```
------------------------------------------------------------------

Angewandte Verfahren und bearbeiteter Anteil
der Grate an der Gesamtgratlaenge :
        Fraesen - - - - - - - - - - - - - - - - - - - :  53.0 %
        Schleifen (Ker.geb.Scheiben) - - - - - - - - :   7.5 %
        Bandschleifen - - - - - - - - - - - - - - - - :  39.5 %

        Anteil der Grate, die nicht mit dem Guss-
        putzroboter entgratet werden koennen - - - :   0.0 %
------------------------------------------------------------------

Bearbeitungszeit T_hz - - - - - - - - - - - - - -:      160.0    sec

Nebenzeit T_nz  - - - - - - - - - - - - - - - - -:      145.7    sec

Taktzeit T_tz - - - - - - - - - - - - - - - - - -:      305.7    sec

Programmierzeit T_pz  - - - - - - - - - - - - - -:       92.6    h

Effektive Taktzeit bei  120000 Stueck - - - - -:        308.5    sec
------------------------------------------------------------------
```

Bild 59: Ergebnis der Taktzeitberechnung nach einer Änderung der Verfahrensauswahl (Grat 7, 8 und 10 mit Fräswerkzeug statt Schleifscheibe)

Das EDV-Programm bietet ferner die Möglichkeit, verschiedene Verfahrenskombinationen zu untersuchen (Alternativenplanung). So kann z.B. in diesem speziellen Fall überprüft werden, ob an den Graten, an denen sowieso eine Nacharbeit mit einem Fräswerkzeug erforderlich ist, nicht sofort der gesamte Grat mit diesem Verfahren entfernt werden kann. Dazu muß im Dialog zwischen Benutzer und EDV-Programm das Schleifen für diese Grate ausgeschlossen werden. Die Ergebnisse der programmgesteuerten Verfahrensauswahl (Bild 53) zeigen, daß dies bei den Graten 7, 8 und 10 grundsätzlich möglich ist.

Aus der Taktzeitberechnung ergibt sich jedoch sofort, daß aufgrund der geringeren Abtragsrate beim Fräsen mit einem Gußputzroboter die Taktzeit auf etwa 300 s ansteigen würde (Bild 59), so daß diese Alternative bereits ohne Durchführung von weiteren aufwendigen und kostspieligen Versuchen ausgeschlossen werden kann.

7.3.3 Ergebnis der praktischen Überprüfung

Bei der praktischen Überprüfung der Planungsergebnisse wurde nachgewiesen, daß sämtliche der vom EDV-Programm vorgeschlagenen Verfahren auch tatsächlich angewendet werden können. Die Überprüfung der errechneten Taktzeiten zeigte, daß die Differenz zwischen theoretischer und tatsächlicher erreichbarer Taktzeit etwa 7 % betrug. Dies ist eine für das Planungsstadium durchaus vertretbare Genauigkeit, so daß davon ausgegangen werden kann, daß die Ergebnisse der Gußteilanalyse/ -bewertung und der darauffolgenden werkstückorientierten Verfahrensauswahl den tatsächlich erreichbaren Leistungsdaten und Taktzeiten entsprechen.

8 ZUSAMMENFASSUNG UND AUSBLICK

8.1 Zusammenfassung der Ergebnisse

Mit der in der vorliegenden Arbeit beschriebenen Vorgehensweise zur Gußteilanalyse und -bewertung sowie zur werkstückorientierten Verfahrensauswahl wurde ein objektives und systematisches Hilfsmittel zur Planung von Gußputzroboter-Einsatzfällen geschaffen. Bisher war die Planung solcher Anwendungen nur dann möglich, wenn diesbezüglich bereits entsprechend umfangreiche und fundierte Erfahrungen vorlagen oder wenn jede einzelne Planung durch aufwendige und kostspielige Vorversuche abgesichert werden konnte.

Mit dem nunmehr zur Verfügung stehenden Instrumentarium können die wesentlichen Faktoren, die die technischen Realisierungsmöglichkeiten und die Wirtschaftlichkeit eines Gußputzroboter-Einsatzfalles beeinflussen, bereits in einem sehr frühen Planungsstadium berücksichtigt werden. Insbesondere ist es durch die detaillierte Gußteilanalyse möglich, aus einem großen Werkstückspektrum gezielt die Gußteile auszuwählen, die die besten Voraussetzungen für den wirtschaftlichen Einsatz eines Gußputzroboters bieten.

Durch die systematische Gußteilanalyse ist ferner eine im Hinblick auf die Abtragsraten und somit auf die Taktzeit optimierte Verfahrensauswahl möglich, wobei im Dialog zwischen dem Planer und dem EDV-Programm stets die Möglichkeit gegeben ist, gleichzeitig auch unternehmensspezifische Randbedingungen zu berücksichtigen.

Im Rahmen der vorliegenden Arbeit wurde an einem praktischen Beispiel gezeigt, daß auf der Basis der Ergebnisse der Gußteilanalyse grundsätzlich auch die Taktzeit für das Gußputzen eines bestimmten Werkstückes mit einem Gußputzroboter abgeschätzt werden kann. Diese Taktzeitabschätzung, die nach der interaktiv durchgeführten und werkstückorientierten Verfahrensauswahl erfolgt, erlaubt somit bereits im Planungsstadium eine erste Aussage über die erreichbare Leistung und damit über die zu erwartende Wirtschaftlichkeit der geplanten Gußputzroboteranwendung. Dadurch kann nunmehr, im Gegensatz zur derzeit noch üblichen Vorgehensweise bei der Planung von Gußputzroboter-Einsatzfällen, zumindest teilweise auf die bei der Planung erforderlichen und äußerst aufwendigen praktischen Vorversuche verzichtet werden.

Falls im Planungsstadium eine zuverlässige Taktzeitabschätzung erforderlich ist, können an einigen exemplarischen Graten Kurzversuche zur Ermittlung der an diesem speziellen Gußteil und mit dem ausgewählten Gußputzverfahren tatsächlich erreichbaren Leistungsdaten durchgeführt werden. Die Ergebnisse (Abtragsraten, Schnittleistung) werden dann zur Optimierung und Anpassung der Datenbasis in das EDV-Programm aufgenommen, so daß dann eine genauere Taktzeitabschätzung für den gesamten Gußputzaufwand auf der Basis der tatsächlich in diesem speziellen Fall erreichbaren Leistungsdaten möglich ist.

8.2 Ausblick

Die zu erwartenden Verbesserungen der Gußputzroboter bzgl. ihrer Zuverläsigkeit, im Rahmen der Möglichkeiten der adaptiven Prozeßüberwachung und insbesondere auf dem Gebiet der Programmierung werden im Laufe der nächsten Jahre zu einer Zunahme der Anwendungen in den Gießereien führen. Solche Anwendungen sind derzeit sowohl für die Industrieroboterhersteller als auch für die Gießereibetriebe technologisches Neuland und es liegen nur vereinzelt Erfahrungen vor, auf die bei der Planung zurückgegriffen werden kann.

Mit dem entwickelten Instrumentarium ist nun gewährleistet, daß in Zukunft auch bei mangelnder Erfahrung alle relevanten Randbedingungen und Einflußgrößen berücksichtigt werden. Damit wurde eine wesentliche Voraussetzung zur industriellen Umsetzung der in den Forschungslabors gewonnenen Erkenntnisse über die Einsatzmöglichkeiten von Gußputzrobotern geschaffen. Durch den modularen Aufbau des EDV-Programmes ist dabei gewährleistet, daß die im Laufe der nächsten Jahre mit Sicherheit weiterhin zunehmende Erfahrung über die im tatsächlichen Gießereibetrieb erreichbaren Leistungsdaten zur kontinuierlichen Optimierung des Instrumentariums in die rechnerinterne Kriteriendatei für die Verfahrensauswahl aufgenommen werden kann.

ANHANG I

Grafische Ausgabe der Gratbewertung

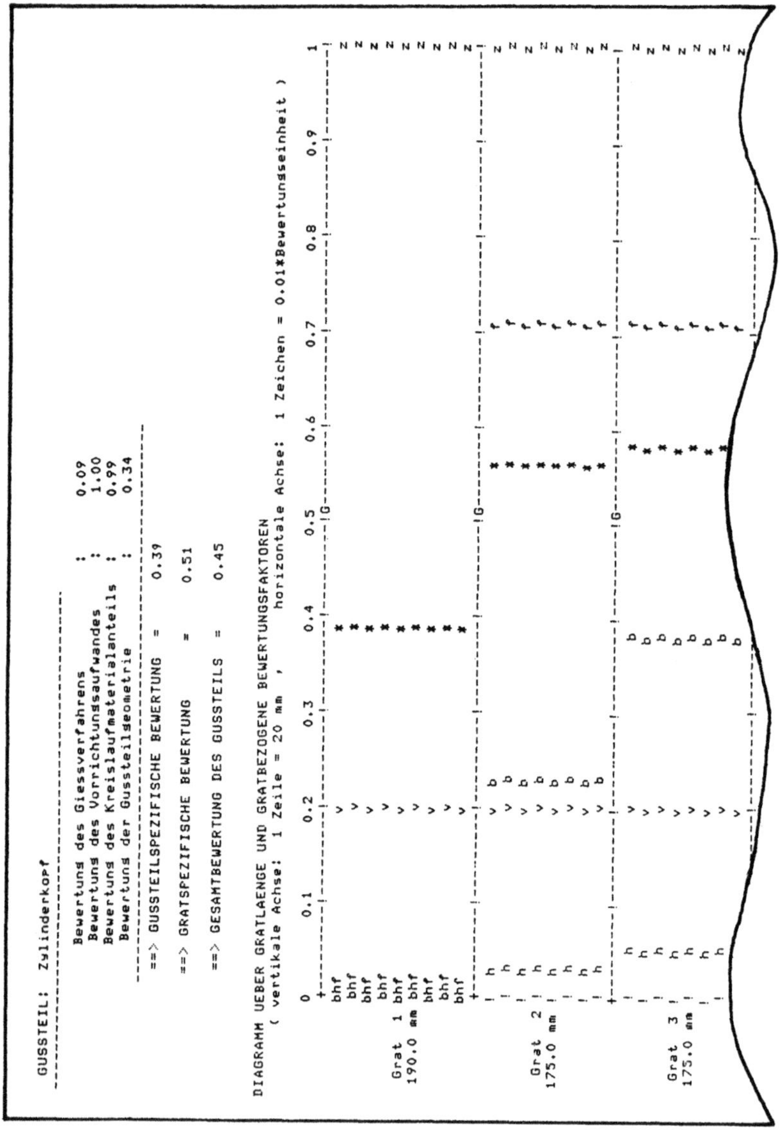

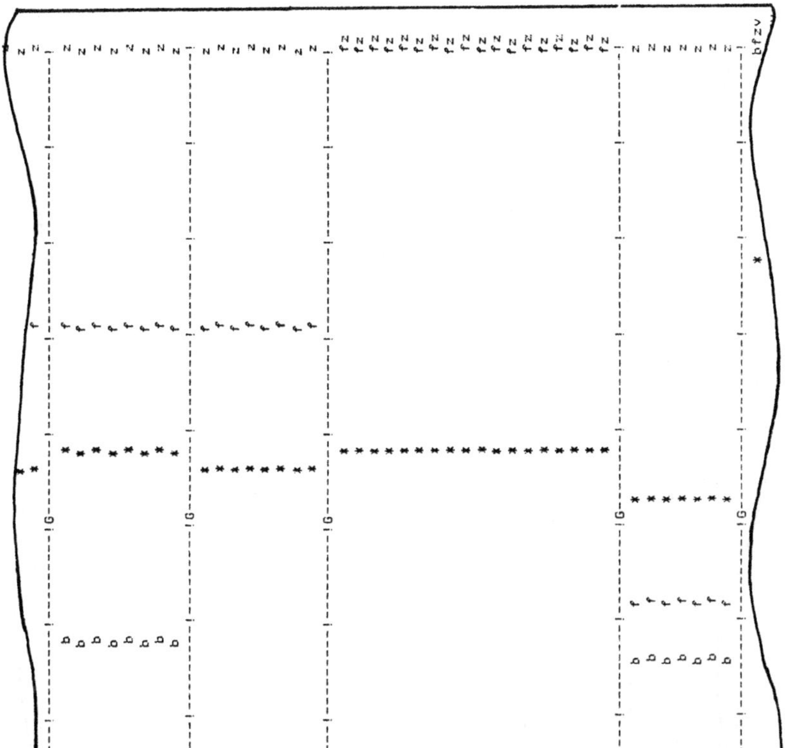
Grat 3
175.0 mm
Grat 4
175.0 mm
Grat 5
380.0 mm
Grat 6
150.0 mm
Grat 7

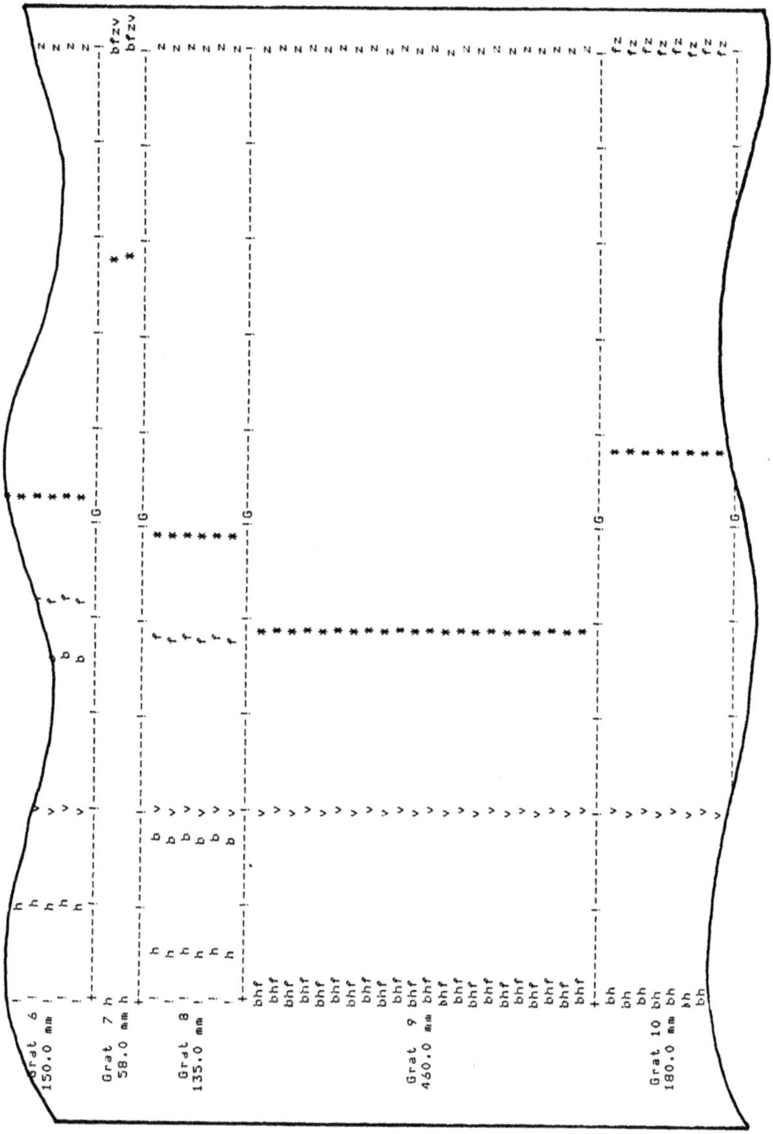
Grat 6
150.0 mm
Grat 7
58.0 mm
Grat 8
135.0 mm
Grat 9
460.0 mm
Grat 10
180.0 mm

```
           bhf
           bhf       v        *                                               z
           bhf       v        *                                               z
           bhf       v        *                                               z
           bhf       v        *                                               z
           bhf       v        *                                               z
           bhf       v        *                                               z
           +----!----!----!----!----!G---!----!----!----!----!
           bh        v                  *                                     fz
           bh        v                  *                                     fz
           bh        v                  *                                     fz
   Grat 10 bh        v                  *                                     fz
  180.0 mm bh        v                  *                                     fz
           bh        v                  *                                     fz
           bh        v                  *                                     fz
           bh        v                  *                                     fz
           +----!----!----!----!----!G---!----!----!----!----!

 Gesamtlaenge aller Grate :   2078.00 mm

       Zeichenerklaerung:
       -----------------------------------------
         Bewertung der Gratbreite          =  b
         Bewertung der Grathoehe           =  h
         Bewertung des Formversatzes       =  f
         Bewertung der Zugaenglichkeit     =  z
         Bewertung des Gratverlaufes       =  v
         Bewertung des gesamten Grates     =  *
         Gratspezifische Bewertung         = -G-
       -----------------------------------------
```

ANHANG II, Teil 1

Erfassung der werkstückspezifischen Daten des Stahlhalters

```
G U S S T E I L S P E Z I F I S C H E   K R I T E R I E N

 Gussteil :                                    erstes Blatt ....
=====================================================================
|                                                                   |
| Giessverfahren:                                                   |
| ===============                                                   |
|      - Druckguss                                   = 0            |
|      - Kokillenguss                                = 1            |
|      - Feinguss                                    = 2    (   )   |
|      - Vakuumguss, Keramikguss                     = 3            |
|      - Sandguss (maschinengeformt, maskengeformt)  = 4            |
|      - Sandguss (handgeformt)                      = 5            |
---------------------------------------------------------------------
|                                                                   |
| Aufwand fuer Spannvorrichtungen:                                  |
| ================================                                  |
|      - alle Gussputzarbeiten in einer Spann-       = 0            |
|        vorrichtung, kein Umspannen                        (   )   |
|      - alle Arbeiten in einer Vorrichtung,         = 1            |
|        mit Umspannen                                              |
|      - mehr als eine Spannvorrichtung noetig       = 2            |
---------------------------------------------------------------------
|                                                                   |
| Spannbarkeit:                                                     |
| =============                                                     |
|      - Gussteil einfach zu spannen                 = 0            |
|      - Gussteil schwierig zu spannen               = 1    (   )   |
|      - um Gussteil zu spannen, sind konstruktive   = 2            |
|        Veraenderungen noetig                                      |
---------------------------------------------------------------------
|                                                                   |
| Werkstoff:    - Grauguss     (GGL)     = 0                        |
| ==========    - Sphaeroguss  (GGG)     = 1                        |
|               - Temperguss   (GT)      = 2                (   )   |
|               - Stahlguss    (GS)      = 3                        |
|               - Leichtmetall (NE)      = 4                        |
---------------------------------------------------------------------
|                                                 |                 |
| Gussteilgewicht ungeputzt  (Rohgewicht)   [N]   |                 |
---------------------------------------------------------------------
|                                                 |                 |
| Gussteilgewicht geputzt    (Fertigteil)   [N]   |                 |
---------------------------------------------------------------------
|                            |  Laenge  |  Breite  |  Hoehe        |
| Aussenabmessungen          |          |          |               |
| des Fertigteils      [mm]  |          |          |               |
=====================================================================
[ bitte die zutreffende Zahl ankreuzen bzw. eintragen ]
```

ANHANG II, Teil 2

Erfassung der gratspezifischen Daten des Stahlhalters

```
G R A T S P E Z I F I S C H E    K R I T E R I E N

 Gussteil :
+-----------------------------------+--------+--------+--------+-----
|                                   |        |        |        |
| ** Nummer des Gratabschnitts:     |        |        |        |
+-----------------------------------+--------+--------+--------+---
| ** Gratart:   - Entlueftungsgrat  (=0) |   |        |        |
|               - Speiser           (=1) |   |        |        |
|               - Anschnittsystem   (=2) |   |        |        |
|               - Giessgrat         (=3) |   |        |        |
|               - Kerngrat          (=4) |   |        |        |
+-----------------------------------+--------+--------+--------+

 ABZUTRENNENDE GRATE MIT RUNDEN TRENNFLAECHEN   ( form = 0 )
======================================================================
|                  - Maximaler Durchmesser |   |        |        |
| ** Trennquerschnitt:           [ mm ] |------|--------|--------|-
|                  - Minimaler Durchmesser |   |        |        |
======================================================================

 ABZUTRENNENDE GRATE MIT RECHTECKIGEN TRENNFLAECHEN   ( form = 1 )
======================================================================
| **  Maximale Gratbreite            [mm] |    |        |        |
|                                   |--------|--------|--------|-----
| **  Minimale Gratbreite            [mm] |    |        |        |
+-----------------------------------+--------+--------+--------+-----
| **  Laenge des Grats:              [mm] |    |        |        |
======================================================================

 ABZUTRAGENDE GRATE   ( form = 2 )
======================================================================
| **  Maximale Gratbreite            [mm] |    |        |        |     |
|                                   |--------|--------|--------|-----|-
| **  Minimale Gratbreite            [mm] |    |        |        |     |
+-----------------------------------+--------+--------+--------+-----+-
| **  Laenge des Grats:              [mm] |    |        |        |     |
+-----------------------------------+--------+--------+--------+-----+
| **  Maximale Grathoehe             [mm] |    |        |        |
|                                   |--------|--------|--------|-----
| **  Minimale Grathoehe             [mm] |    |        |        |
+-----------------------------------+--------+--------+--------+-----
| **  Maximaler Formversatz          [mm] |    |        |        |
======================================================================


+-----------------------------------+--------+--------+--------+-
| ** Zugaenglichkeit                |        |        |        |
|    - Grat auf aussenliegender Flaeche(=0)| |        |        |
|    - Grat auf innenliegenden Flaeche (=1)| |        |        |
|    - Grat ist unzugaenglich         (=2)|  |        |        |
+-----------------------------------+--------+--------+--------+
| ** Gratverlauf                    |        |        |        |
|    - Gerade               (=0)    |        |        |        |
|    - kreisfoermig         (=1)    |        |        |        |
|    - beliebige Kruemmung  (=2)    |        |        |        |
+-----------------------------------+--------+--------+--------+-
| ** Bemerkungen zu einzelnen Graten |
|                                   |
|                                   |
|                                   |
+-----------------------------------+--------+--------+--------+------
 [ bitte jeweils die zutreffende Zahl eintragen ]
```

ANHANG II, Teil 3

Erfassung der werkstückspezifischen Daten des Gehäusedeckels

```
G U S S T E I L S P E Z I F I S C H E     K R I T E R I E N

  Gussteil :                                          erstes Blatt ....
=======================================================================
|                                                                     |
| Giessverfahren:                                                     |
| ===============                                                     |
|      - Druckguss                                      = 0           |
|      - Kokillenguss                                   = 1           |
|      - Feinguss                                       = 2    (   )  |
|      - Vakuumguss, Keramikguss                        = 3           |
|      - Sandguss (maschinengeformt, maskengeformt)     = 4           |
|      - Sandguss (handgeformt)                         = 5           |
-----------------------------------------------------------------------
|                                                                     |
| Aufwand fuer Spannvorrichtungen:                                    |
| ================================                                    |
|      - alle Gussputzarbeiten in einer Spann-          = 0           |
|        vorrichtung, kein Umspannen                           (   )  |
|      - alle Arbeiten in einer Vorrichtung,            = 1           |
|        mit Umspannen                                                |
|      - mehr als eine Spannvorrichtung noetig          = 2           |
-----------------------------------------------------------------------
|                                                                     |
| Spannbarkeit:                                                       |
| =============                                                       |
|      - Gussteil einfach zu spannen                    = 0           |
|      - Gussteil schwierig zu spannen                  = 1    (   )  |
|      - um Gussteil zu spannen, sind konstruktive      = 2           |
|        Veraenderungen noetig                                        |
-----------------------------------------------------------------------
|                                                                     |
| Werkstoff:     - Grauguss      (GGL)      = 0                       |
| ==========     - Sphaeroguss   (GGG)      = 1                       |
|                - Temperguss    (GT)       = 2               (   )   |
|                - Stahlguss     (GS)       = 3                       |
|                - Leichtmetall  (NE)       = 4                       |
-----------------------------------------------------------------------
|                                                   |                 |
| Gussteilgewicht ungeputzt  (Rohgewicht)       [N] |                 |
-----------------------------------------------------------------------
|                                                   |                 |
| Gussteilgewicht geputzt     (Fertigteil)      [N] |                 |
-----------------------------------------------------------------------
|                           |   Laenge   |   Breite   |    Hoehe     |
| Aussenabmessungen         |            |            |              |
| des Fertigteils      [mm] |            |            |              |
=======================================================================
[ bitte die zutreffende Zahl ankreuzen bzw. eintragen ]
```

ANHANG II, Teil 4

Erfassung der gratspezifischen Daten des Gehäusedeckels

```
G R A T S P E Z I F I S C H E     K R I T E R I E N

 Gussteil :
+------------------------------------+--------+--------+--------+
|                                    |        |        |        |
| ** Nummer des Gratabschnitts:      |        |        |        |
+------------------------------------+--------+--------+--------+
| ** Gratart:    - Entlueftungsgrat  (=0) |   |        |        |
|                - Speiser           (=1) |   |        |        |
|                - Anschnittsystem   (=2) |   |        |        |
|                - Giessgrat         (=3) |   |        |        |
|                - Kerngrat          (=4) |   |        |        |
+------------------------------------+--------+--------+--------+

ABZUTRENNENDE GRATE MIT RUNDEN TRENNFLAECHEN   ( form = 0 )
================================================================
|               - Maximaler Durchmesser |       |        |      |
| ** Trennquerschnitt:           [ mm ] |-------|--------|------|
|               - Minimaler Durchmesser |       |        |      |
================================================================

ABZUTRENNENDE GRATE MIT RECHTECKIGEN TRENNFLAECHEN   ( form = 1 )
================================================================
| **  Maximale Gratbreite          [mm] |       |        |      |
|                                       |-------|--------|------|
| **  Minimale Gratbreite          [mm] |       |        |      |
+---------------------------------------+-------+--------+------+
| **  Laenge des Grats:            [mm] |       |        |      |
================================================================

ABZUTRAGENDE GRATE   ( form = 2 )
================================================================
| **  Maximale Gratbreite          [mm] |       |        |      |
|                                       |-------|--------|------|
| **  Minimale Gratbreite          [mm] |       |        |      |
+---------------------------------------+-------+--------+------+
| **  Laenge des Grats:            [mm] |       |        |      |
+---------------------------------------+-------+--------+------+
| **  Maximale Grathoehe           [mm] |       |        |      |
|                                       |-------|--------|------|
| **  Minimale Grathoehe           [mm] |       |        |      |
+---------------------------------------+-------+--------+------+
| **  Maximaler Formversatz        [mm] |       |        |      |
================================================================


+---------------------------------------+-------+--------+------+
| ** Zugaenglichkeit                    |       |        |      |
|   - Grat auf aussenliegender Flaeche(=0)|     |        |      |
|   - Grat auf innenliegenden Flaeche (=1)|     |        |      |
|   - Grat ist unzugaenglich        (=2)|       |        |      |
+---------------------------------------+-------+--------+------+
| ** Gratverlauf                        |       |        |      |
|   - Gerade               (=0)         |       |        |      |
|   - kreisfoermig         (=1)         |       |        |      |
|   - beliebige Kruemmung  (=2)         |       |        |      |
+---------------------------------------+-------+--------+------+
| ** Bemerkungen zu einzelnen Graten    |
|                                       |
|                                       |
|                                       |
+---------------------------------------+-------+--------+------+
 [ bitte jeweils die zutreffende Zahl eintragen ]
```

ANHANG III, Teil 1

Tabellarische Ausgabe der gratspezifischen Bewertungskennzahlen des Stahlhalters

GUSSTEIL : STAHLHALTER auf DATEI: BEISPIEL

G U S S T E I L S P E Z I F I S C H E D A T E N

Giessverfahren: - Sandguss (maschinengeformt, maskengeformt)	Bewertung der Giesstoleranz: 0.11
Aufwand fuer Spannvorrichtungen: - alle Gussputzarbeiten in einer Spannvorrichtung, Umspannen erforderlich - Gussteil einfach zu spannen	Bewertung des Spannaufwandes: 0.70
Werkstoff _ _ _ _ _ _ _ _ _ _: Stahlguss (GS) Spezifisches Gewicht _ _ _ _: 7.8000 cN/ccm	
Gussteilgewicht: - ungeputzt (Rohgewicht) : 87.00 N - geputzt (Fertigteilgew.) : 86.50 N	Bewertung des Kreislaufmaterialanteils: 0.99
Aussenabmessungen des geputzten Gussteils: - Laenge _ _ _ _ _ _ _ _ _ _: 355.00 mm - Breite _ _ _ _ _ _ _ _ _ _: 143.00 mm - Hoehe _ _ _ _ _ _ _ _ _ _ _: 155.00 mm	Bewertung der geometrischen Komplexitaet: 0.14

==> GUSSTEILSPEZIFISCHE BEWERTUNG Q_gt = 0.29

G R A T S P E Z I F I S C H E D A T E N

Grat Nr	Gratart	Gratbeschreibung	Bewertung	Gratbewertung
1	Giessgrat	abzutragender Grat		
		Gratlaenge : 155.0 mm		
		Max. Gratbreite : 1.0 mm Min. Gratbreite : 0.0 mm	) 0.00	
		Max. Grathoehe : 2.0 mm Min. Grathoehe : 0.0 mm	) 0.00	
		Max. Formversatz : 0.5 mm	) 0.00	
		Grat liegt auf einer aussenliegenden Flaeche	1.00	
		Gerade	1.00	0.48

2	Giessgrat	abzutragender Grat		
		Gratlaenge : 155.0 mm		
		Max. Gratbreite : 1.0 mm		
		Min. Gratbreite : 0.0 mm)	0.00	
		Max. Grathoehe : 2.0 mm		
		Min. Grathoehe : 0.0 mm)	0.00	
		Max. Formversatz : 0.5 mm)	0.00	
		Grat liegt auf einer aussenliegenden Flaeche	1.00	
		Gerade	1.00	0.48
3	Giessgrat	abzutragender Grat		
		Gratlaenge : 155.0 mm		
		Max. Gratbreite : 2.0 mm		
		Min. Gratbreite : 1.0 mm)	0.50	
		Max. Grathoehe : 1.0 mm		
		Min. Grathoehe : 0.0 mm)	0.00	
		Max. Formversatz : 0.5 mm)	0.00	
		Grat liegt auf einer aussenliegenden Flaeche	1.00	
		Gerade	1.00	0.54
4	Giessgrat	abzutragender Grat		
		Gratlaenge : 155.0 mm		
		Max. Gratbreite : 1.0 mm		
		Min. Gratbreite : 0.0 mm)	0.00	
		Max. Grathoehe : 2.0 mm		
		Min. Grathoehe : 0.0 mm)	0.00	
		Max. Formversatz : 0.5 mm)	0.00	
		Grat liegt auf einer aussenliegenden Flaeche	1.00	
		Gerade	1.00	0.48
5	Giessgrat	abzutragender Grat		
		Gratlaenge : 15.0 mm		
		Max. Gratbreite : 8.0 mm		
		Min. Gratbreite : 7.0 mm)	0.88	
		Max. Grathoehe : 8.0 mm		
		Min. Grathoehe : 5.0 mm)	0.63	
		Max. Formversatz : 0.5 mm)	1.00	
		Grat liegt auf einer aussenliegenden Flaeche	1.00	
		Gerade	1.00	0.90

6	Giesssrat	abzutrasender Grat			
		Gratlaense :	15.0 mm		
		Max. Gratbreite :	8.0 mm		
		Min. Gratbreite :	7.0 mm	) 0.88	
		Max. Grathoehe :	8.0 mm		
		Min. Grathoehe :	5.0 mm	) 0.63	
		Max. Formversatz :	0.5 mm	) 1.00	
		Grat liest auf einer aussenliesenden Flaeche		1.00	
		Gerade		1.00	0.90
7	Giesssrat	abzutrasender Grat			
		Gratlaense :	120.0 mm		
		Max. Gratbreite :	4.0 mm		
		Min. Gratbreite :	3.0 mm	) 0.75	
		Max. Grathoehe :	6.0 mm		
		Min. Grathoehe :	4.0 mm	) 0.67	
		Max. Formversatz :	0.0 mm	) 1.00	
		Grat liest auf einer innenliesenden Flaeche		0.50	
		kreisfoermis		0.60	0.67
8	Giesssrat	abzutrasender Grat			
		Gratlaense :	120.0 mm		
		Max. Gratbreite :	4.0 mm		
		Min. Gratbreite :	3.0 mm	) 0.75	
		Max. Grathoehe :	6.0 mm		
		Min. Grathoehe :	4.0 mm	) 0.67	
		Max. Formversatz :	0.0 mm	) 1.00	
		Grat liest auf einer innenliesenden Flaeche		0.50	
		kreisfoermis		0.60	0.67
9	Giesssrat	abzutrasender Grat			
		Gratlaense :	120.0 mm		
		Max. Gratbreite :	6.0 mm		
		Min. Gratbreite :	4.0 mm	) 0.67	
		Max. Grathoehe :	6.0 mm		
		Min. Grathoehe :	4.0 mm	) 0.67	
		Max. Formversatz :	0.0 mm	) 1.00	
		Grat liest auf einer innenliesenden Flaeche		0.50	
		kreisfoermis		0.60	0.66

10	Giessgrat	abzutragender Grat		
		Gratlaenge : 120.0 mm		
		Max. Gratbreite : 2.0 mm		
		Min. Gratbreite : 1.0 mm)	0.50	
		Max. Grathoehe : 2.0 mm		
		Min. Grathoehe : 1.0 mm)	0.50	
		Max. Formversatz : 0.0 mm)	1.00	
		Grat liegt auf einer innenliegenden Flaeche	0.50	
		kreisfoermig	0.60	0.60
11	Giessgrat	abzutragender Grat		
		Gratlaenge : 140.0 mm		
		Max. Gratbreite : 2.0 mm		
		Min. Gratbreite : 1.0 mm)	0.50	
		Max. Grathoehe : 4.0 mm		
		Min. Grathoehe : 2.0 mm)	0.50	
		Max. Formversatz : 0.0 mm)	1.00	
		Grat liegt auf einer innenliegenden Flaeche	0.50	
		beliebige Kruemmung	0.20	0.56
12	Giessgrat	abzutragender Grat		
		Gratlaenge : 140.0 mm		
		Max. Gratbreite : 2.0 mm		
		Min. Gratbreite : 1.0 mm)	0.50	
		Max. Grathoehe : 4.0 mm		
		Min. Grathoehe : 2.0 mm)	0.50	
		Max. Formversatz : 0.0 mm)	1.00	
		Grat liegt auf einer innenliegenden Flaeche	0.50	
		beliebige Kruemmung	0.20	0.56
13	Kerngrat	abzutragender Grat		
		Gratlaenge : 155.0 mm		
		Max. Gratbreite : 1.0 mm		
		Min. Gratbreite : 0.0 mm)	0.00	
		Max. Grathoehe : 2.0 mm		
		Min. Grathoehe : 1.0 mm)	0.50	
		Max. Formversatz : 0.0 mm)	1.00	
		Grat liegt auf einer innenliegenden Flaeche	0.50	
		Gerade	1.00	0.59

14	Kerngrat	abzutragender Grat Gratlaenge : 155.0 mm Max. Gratbreite : 1.0 mm Min. Gratbreite : 0.0 mm) 0.00 Max. Grathoehe : 2.0 mm Min. Grathoehe : 1.0 mm) 0.50 Max. Formversatz : 0.0 mm) 1.00 Grat liegt auf einer innenliegenden Flaeche 0.50 Gerade 1.00		0.59
15	Kerngrat	abzutragender Grat Gratlaenge : 145.0 mm Max. Gratbreite : 1.0 mm Min. Gratbreite : 0.0 mm) 0.00 Max. Grathoehe : 2.0 mm Min. Grathoehe : 1.0 mm) 0.50 Max. Formversatz : 0.0 mm) 1.00 Grat liegt auf einer innenliegenden Flaeche 0.50 Gerade 1.00		0.59
16	Kerngrat	abzutragender Grat Gratlaenge : 140.0 mm Max. Gratbreite : 1.0 mm Min. Gratbreite : 0.0 mm) 0.00 Max. Grathoehe : 2.0 mm Min. Grathoehe : 1.0 mm) 0.50 Max. Formversatz : 0.0 mm) 1.00 Grat liegt auf einer innenliegenden Flaeche 0.50 Gerade 1.00		0.59
17	Giessgrat	abzutragender Grat Gratlaenge : 25.0 mm Max. Gratbreite : 8.0 mm Min. Gratbreite : 6.0 mm) 0.75 Max. Grathoehe : 8.0 mm Min. Grathoehe : 5.0 mm) 0.63 Max. Formversatz : 0.0 mm) 1.00 Grat liegt auf einer aussenliegenden Flaeche 1.00 Gerade 1.00		0.89

```
      !              !                                               !         !
 18   ! Kerngrat     ! abzutragender Grat                            !         !
      !              !                                               !         !
      !              ! Gratlaenge        :    130.0 mm               !         !
      !              !                                               !         !
      !              ! Max. Gratbreite   :      1.0 mm               !         !
      !              ! Min. Gratbreite   :      0.0 mm    )   0.00   !         !
      !              !                                               !         !
      !              ! Max. Grathoehe    :      1.0 mm               !         !
      !              ! Min. Grathoehe    :      0.0 mm    )   0.00   !         !
      !              !                                               !         !
      !              ! Max. Formversatz  :      0.0 mm    )   1.00   !         !
      !              !                                               !         !
      !              ! Grat liegt auf einer                          !         !
      !              ! aussenliegenden Flaeche                1.00   !         !
      !              !                                               !         !
      !              ! Gerade                                 1.00   !  0.67   !
------+--------------+-----------------------------------------------+---------+
      !              !                                               !         !
 19   ! Kerngrat     ! abzutragender Grat                            !         !
      !              !                                               !         !
      !              ! Gratlaenge        :    130.0 mm               !         !
      !              !                                               !         !
      !              ! Max. Gratbreite   :      1.0 mm               !         !
      !              ! Min. Gratbreite   :      0.0 mm    )   0.00   !         !
      !              !                                               !         !
      !              ! Max. Grathoehe    :      1.0 mm               !         !
      !              ! Min. Grathoehe    :      0.0 mm    )   0.00   !         !
      !              !                                               !         !
      !              ! Max. Formversatz  :      0.0 mm    )   1.00   !         !
      !              !                                               !         !
      !              ! Grat liegt auf einer                          !         !
      !              ! aussenliegenden Flaeche                1.00   !         !
      !              !                                               !         !
      !              ! Gerade                                 1.00   !  0.67   !
------+--------------+-----------------------------------------------+---------+
      !              !                                               !         !
 20   ! Giessgrat    ! abzutragender Grat                            !         !
      !              !                                               !         !
      !              ! Gratlaenge        :     40.0 mm               !         !
      !              !                                               !         !
      !              ! Max. Gratbreite   :      1.0 mm               !         !
      !              ! Min. Gratbreite   :      0.0 mm    )   0.00   !         !
      !              !                                               !         !
      !              ! Max. Grathoehe    :      1.0 mm               !         !
      !              ! Min. Grathoehe    :      0.0 mm    )   0.00   !         !
      !              !                                               !         !
      !              ! Max. Formversatz  :      0.0 mm    )   1.00   !         !
      !              !                                               !         !
      !              ! Grat liegt auf einer                          !         !
      !              ! aussenliegenden Flaeche                1.00   !         !
      !              !                                               !         !
      !              ! Gerade                                 1.00   !  0.67   !
------+--------------+-----------------------------------------------+---------+

   Gesamtlaenge aller Grate                        :    2330.00 mm
   Gesamtlaenge der Grate mit Gratbewertung=0 :            0.00 mm
            .-------------------------------------------------------------.
            !  ==>  GRATSPEZIFISCHE BEWERTUNG        Q_gr =      0.59     !
            !                                                 +/- 0.03    !
            `-------------------------------------------------------------'


   0.0 %   der gesamten Gratlaenge kann nicht mit
 --------        einem Industrie-Roboter geputzt werden.
 100.0 %   der gesamten Gratlaenge kann wohl mit
 --------        einem Industrie-Roboter geputzt werden.
            .-------------------------------------------------------------.
            !  ==>  GESAMTBEWERTUNG des Gussteils  Q =          0.44      !
            `-------------------------------------------------------------'
```

ANHANG III, Teil 2

Tabellarische Ausgabe der gratspezifischen Bewertungskennzahlen des Gehäusedeckels

GUSSTEIL : GEHAEUSEDECKEL auf DATEI: BEISPIEL

G U S S T E I L S P E Z I F I S C H E   D A T E N

Giessverfahren: - Druckguss	Bewertung der Giesstoleranz: 0.31
Aufwand fuer Spannvorrichtungen: - mehr als eine Spannvorrichtung erforderlich - Gussteil schwierig zu spannen	Bewertung des Spannaufwandes: 0.10
Werkstoff _ _ _ _ _ _ _ _ _ _: Leichtmetall (NE) Spezifisches Gewicht _ _ _ _: 2.6989 cN/ccm	
Gussteilgewicht: - ungeputzt (Rohgewicht) : 47.28 N - geputzt (Fertigteilgew.) : 47.25 N	Bewertung des Kreislauf- materialanteils: 1.00
Aussenabmessungen des geputzten Gussteils: - Laenge _ _ _ _ _ _ _ _ _ _: 655.00 mm - Breite _ _ _ _ _ _ _ _ _ _: 350.00 mm - Hoehe _ _ _ _ _ _ _ _ _ _ _: 119.00 mm	Bewertung der geometrischen Komplexitaet: 0.06

==> GUSSTEILSPEZIFISCHE BEWERTUNG Q_gt = 0.27

G R A T S P E Z I F I S C H E   D A T E N

Grat Nr	Gratart	Gratbeschreibung	Bewertung	Gratbewertung
1	Giessgrat	abzutragender Grat		
		Gratlaenge : 600.0 mm		
		Max. Gratbreite : 1.3 mm Min. Gratbreite : 0.0 mm)	0.00	
		Max. Grathoehe : 11.0 mm Min. Grathoehe : 0.0 mm)	0.00	
		Max. Formversatz : 1.0 mm)	0.00	
		Grat liegt auf einer aussenliegenden Flaeche	1.00	
		beliebige Kruemmung	0.20	0.39

2	Giesssrat	abzutrasender Grat		
		Gratlaense : 150.0 mm		
		Max. Gratbreite : 1.0 mm		
		Min. Gratbreite : 0.0 mm)	0.00	
		Max. Grathoehe : 40.7 mm		
		Min. Grathoehe : 0.0 mm)	0.00	
		Max. Formversatz : 0.0 mm)	1.00	
		Grat liest auf einer aussenliesenden Flaeche	1.00	
		beliebise Kruemmuns	0.20	0.58
3	Giesssrat	abzutrasender Grat		
		Gratlaense : 195.0 mm		
		Max. Gratbreite : 0.2 mm		
		Min. Gratbreite : 0.0 mm)	0.00	
		Max. Grathoehe : 0.8 mm		
		Min. Grathoehe : 0.0 mm)	0.00	
		Max. Formversatz : 0.0 mm)	1.00	
		Grat liest auf einer aussenliesenden Flaeche	1.00	
		beliebise Kruemmuns	0.20	0.58
4	Giesssrat	abzutrasender Grat		
		Gratlaense : 150.0 mm		
		Max. Gratbreite : 1.0 mm		
		Min. Gratbreite : 0.0 mm)	0.00	
		Max. Grathoehe : 2.5 mm		
		Min. Grathoehe : 0.0 mm)	0.00	
		Max. Formversatz : 0.0 mm)	1.00	
		Grat liest auf einer aussenliesenden Flaeche	1.00	
		beliebise Kruemmuns	0.20	0.58
5	Giesssrat	abzutrasender Grat		
		Gratlaense : 600.0 mm		
		Max. Gratbreite : 1.3 mm		
		Min. Gratbreite : 0.0 mm)	0.00	
		Max. Grathoehe : 11.0 mm		
		Min. Grathoehe : 0.0 mm)	0.00	
		Max. Formversatz : 1.0 mm)	0.00	
		Grat liest auf einer aussenliesenden Flaeche	1.00	
		beliebise Kruemmuns	0.20	0.39

6	Giesssrat	abzutrasender Grat		
		Gratlaense : 355.0 mm		
		Max. Gratbreite : 1.6 mm		
		Min. Gratbreite : 0.0 mm)	0.00	
		Max. Grathoehe : 0.8 mm		
		Min. Grathoehe : 0.0 mm)	0.00	
		Max. Formversatz : 0.0 mm)	1.00	
		Grat liest auf einer aussenliesenden Flaeche	1.00	
		beliebise Kruemmuns	0.20	0.58
7	Giesssrat	abzutrasender Grat		
		Gratlaense : 215.0 mm		
		Max. Gratbreite : 0.2 mm		
		Min. Gratbreite : 0.0 mm)	0.00	
		Max. Grathoehe : 38.0 mm		
		Min. Grathoehe : 0.0 mm)	0.00	
		Max. Formversatz : 0.0 mm)	1.00	
		Grat liest auf einer aussenliesenden Flaeche	1.00	
		beliebise Kruemmuns	0.20	0.58
8	Giesssrat	abzutrasender Grat		
		Gratlaense : 125.0 mm		
		Max. Gratbreite : 0.6 mm		
		Min. Gratbreite : 0.0 mm)	0.00	
		Max. Grathoehe : 60.0 mm		
		Min. Grathoehe : 0.0 mm)	0.00	
		Max. Formversatz : 0.0 mm)	1.00	
		Grat liest auf einer aussenliesenden Flaeche	1.00	
		beliebise Kruemmuns	0.20	0.58
9	Giesssrat	abzutrasender Grat		
		Gratlaense : 125.0 mm		
		Max. Gratbreite : 0.6 mm		
		Min. Gratbreite : 0.0 mm)	0.00	
		Max. Grathoehe : 60.0 mm		
		Min. Grathoehe : 0.0 mm)	0.00	
		Max. Formversatz : 0.0 mm)	1.00	
		Grat liest auf einer aussenliesenden Flaeche	1.00	
		beliebise Kruemmuns	0.20	0.58

10	Giessgrat	abzutragender Grat		
		Gratlaenge : 155.0 mm		
		Max. Gratbreite : 4.0 mm		
		Min. Gratbreite : 0.0 mm)	0.00	
		Max. Grathoehe : 15.5 mm		
		Min. Grathoehe : 0.0 mm)	0.00	
		Max. Formversatz : 0.0 mm)	1.00	
		Grat liegt auf einer aussenliegenden Flaeche	1.00	
		Gerade	1.00	0.67
11	Giessgrat	abzutragender Grat		
		Gratlaenge : 200.0 mm		
		Max. Gratbreite : 0.4 mm		
		Min. Gratbreite : 0.0 mm)	0.00	
		Max. Grathoehe : 8.8 mm		
		Min. Grathoehe : 0.0 mm)	0.00	
		Max. Formversatz : 0.0 mm)	1.00	
		Grat liegt auf einer innenliegenden Flaeche	0.50	
		beliebige Kruemmung	0.20	0.39
12	Giessgrat	abzutragender Grat		
		Gratlaenge : 110.0 mm		
		Max. Gratbreite : 1.0 mm		
		Min. Gratbreite : 0.0 mm)	0.00	
		Max. Grathoehe : 25.0 mm		
		Min. Grathoehe : 0.0 mm)	0.00	
		Max. Formversatz : 0.0 mm)	1.00	
		Grat liegt auf einer innenliegenden Flaeche	0.50	
		beliebige Kruemmung	0.20	0.39
13	Giessgrat	abzutragender Grat		
		Gratlaenge : 380.0 mm		
		Max. Gratbreite : 0.7 mm		
		Min. Gratbreite : 0.0 mm)	0.00	
		Max. Grathoehe : 47.0 mm		
		Min. Grathoehe : 0.0 mm)	0.00	
		Max. Formversatz : 0.0 mm)	1.00	
		Grat liegt auf einer innenliegenden Flaeche	0.50	
		beliebige Kruemmung	0.20	0.39

14	Giessgrat	abzutragender Grat			
		Gratlaenge :	45.0 mm		
		Max. Gratbreite :	0.8 mm		
		Min. Gratbreite :	0.0 mm)	0.00	
		Max. Grathoehe :	6.8 mm		
		Min. Grathoehe :	0.0 mm)	0.00	
		Max. Formversatz :	0.0 mm)	1.00	
		Grat liegt auf einer innenliegenden Flaeche		0.50	
		beliebige Kruemmung		0.20	0.39
15	Giessgrat	abzutragender Grat			
		Gratlaenge :	980.0 mm		
		Max. Gratbreite :	1.3 mm		
		Min. Gratbreite :	0.0 mm)	0.00	
		Max. Grathoehe :	10.0 mm		
		Min. Grathoehe :	0.0 mm)	0.00	
		Max. Formversatz :	0.0 mm)	1.00	
		Grat liegt auf einer aussenliegenden Flaeche		1.00	
		beliebige Kruemmung		0.20	0.58
16	Giessgrat	abzutragender Grat			
		Gratlaenge :	138.0 mm		
		Max. Gratbreite :	0.5 mm		
		Min. Gratbreite :	0.0 mm)	0.00	
		Max. Grathoehe :	6.4 mm		
		Min. Grathoehe :	0.0 mm)	0.00	
		Max. Formversatz :	0.0 mm)	1.00	
		Grat liegt auf einer aussenliegenden Flaeche		1.00	
		beliebige Kruemmung		0.20	0.58
17	Giessgrat	abzutragender Grat			
		Gratlaenge :	138.0 mm		
		Max. Gratbreite :	0.5 mm		
		Min. Gratbreite :	0.0 mm)	0.00	
		Max. Grathoehe :	6.4 mm		
		Min. Grathoehe :	0.0 mm)	0.00	
			0.0		

		... liegt auf einer aussenliegenden Flaeche	1.00	
		beliebige Kruemmung	0.20	0.58
17	Giessgrat	abzutragender Grat		
		Gratlaenge : 138.0 mm		
		Max. Gratbreite : 0.5 mm Min. Gratbreite : 0.0 mm)	0.00	
		Max. Grathoehe : 6.4 mm Min. Grathoehe : 0.0 mm)	0.00	
		Max. Formversatz : 0.0 mm)	1.00	
		Grat liegt auf einer aussenliegenden Flaeche	1.00	
		beliebige Kruemmung	0.20	0.58

Gesamtlaenge aller Grate : 4661.00 mm
Gesamtlaenge der Grate mit Gratbewertung=0 : 0.00 mm

==> GRATSPEZIFISCHE BEWERTUNG Q_gr = 0.50 +/- 0.05

0.0 % der gesamten Gratlaenge kann nicht mit einem Industrie-Roboter geputzt werden.

100.0 % der gesamten Gratlaenge kann wohl mit einem Industrie-Roboter geputzt werden.

==> GESAMTBEWERTUNG des Gussteils Q = 0.39

ANHANG IV

Erläuterungen zur "Anwendbarkeitstabelle"

Die Anwendbarkeitstabelle ist ein EDV-Ausdruck, der als Matrix aufgebaut ist. Auf der Basis der ermittelten Gußteildaten sind in dieser Tabelle für jeden Grat die möglichen Gußputzverfahren, mit denen dieser Grat entfernt werden kann, enthalten. Falls ein Gußputzverfahren für diesen Grat nicht angewendet werden kann, wird dies unter Angabe des Ausschlußgrundes ebenfalls ausgegeben. Dabei werden folgende Begriffe verwendet:

***** Das Gußputzverfahren kann angewendet werden

Das Verfahren wurde ausgeschlossen..........

NICHT .... im Dialog zwischen EDV und Planer während der Verfahrensauswahl.

PRIOR .... weil der Planer das Verfahren vor Beginn der Planung ausgeschlossen hat.

WKSTF .... weil das Verfahren für den betreffenden Werkstoff nicht geeignet ist.

HANDH .... weil bei diesem Gußteil aufgrund des Gußteilgewichtes nur Werkzeughandhabung möglich ist, dieses Verfahren aber nicht mit Werkzeughandhabung eingesetzt werden kann.

TRENN .... weil der Gratdurchmesser bzw. -querschnitt für dieses trennende Verfahren zu groß ist oder weil dieser Grat nicht abgetrennt, sondern spanend abgetragen werden soll.

ABTRA .... weil die Gratbreite für dieses Verfahren zu groß ist oder weil dieser Grat mit einem trennenden Verfahren entfernt werden muß.

FVERS .... weil der für dieses Verfahren zulässige Formversatz überschritten wurde.

GVERL .... weil der Gratverlauf für dieses Verfahren zu unregelmäßig ist.

DIALG .... im Dialog zwischen EDV und Planer während der Taktzeitberechnung.

SCHRIFTTUM

1 Riege,W.: Schleifen und Trennschleifen in der Gußputzerei. Düsseldorf: Gießerei-Verlag, 1981.

2 Christ,E: Lärmminderung durch Abschirmwände an Putzarbeitsplätzen in Gießereien. Giesserei 70 (1983) 3, Seite 84 - 88.

3 Autorenkollektiv: Humanisierung des Arbeitslebens. Bericht Nr. HA 82-017, Bonn: Bundesministerium für Forschung und Technologie, 1982.

4 Conrads,M.; Franke,K.-H.; Kirchner,E.; Rinza, P.: Humanvermögen als Produktionsfaktor in der industriellen Wirtschaft. VDI-Zeitung 124 (1982) 21, Seite 809 - 814.

5 Polak,M.: Technische Voraussetzungen zur Anwendung von Industrierobotern zum Schleifen von Gußstücken. Gießereitechnik 28 (1982) 11, Seite 334 - 336.

6 Fischer, P.; Schmidt, J.: Arbeitsgestaltung durch den Einsatz von Industrierobotern zum Entgraten von Gußstücken. Gießereitechnik 28 (1982) 11, Seite 339 -341.

7 Kämpfer, S.: Roboter - Die elektronische Hand des Menschen. Düsseldorf: VDI Verlag, 1984.

8 Sanders,S.D.: The use of robots in the foundry. BCIRA Conference, Developments for Future Foundry Prosperity, University of Warwick, 2 April - 4 April 1984.

9 Abele,E.: Gußputzen mit sensorgeführten programmierbaren Handhabungsgeräten. Berlin: Springer-Verlag, 1983.

10 Sturz,W.: Anwendung von Industrierobotern in Gußputzereien. Giesserei 72 (1985) 3, Seite 61 - 65.

11 Schmidt-Streier,U.: Methode zur rechnerunterstützten Einsatzplanung von programmierbaren Handhabungsgeräten. Berlin: Springer-Verlag, 1982.

12 Schimke,E.-F.: Planung und Einsatz von Industrierobotern. Düsseldorf: VDI-Verlag, 1978.

13 VDI-Richtlinie 2860 - Entwurf Handhabungsfunktionen, Handhabungseinrichtungen, Begriffe, Definitionen, Symbole. Düsseldorf: VDI-Verlag, 1982.

14 Warnecke,H.-J.; Schraft,R.-D.: Industrieroboter. Mainz: Krausskopf-Verlag, 2. Auflage, 1979.

15 Brunhuber, Ernst: Giesserei-Lexikon. Berlin: Fachverlag Schiele & Schön, 1983.

16 Bolle,H.: Humanisierung von Arbeitsplätzen in den Kundengießereien durch Einsatz einer automatischen Putzeinrichtung. Bericht Nr. HA 81-004, Bonn: Bundesministerium für Forschung und Technologie, 1981.

17 NN Der Roboter putzt ohne zu klagen. VDI-Nachrichten 38 (1984) 18, Seite 21.

18 Engelberger,J.F.: Industrieroboter in der praktischen Anwendung. München: Hanser Verlag, 1981.

19 Sturz,W.: Gußputzen mit Industrierobotern. Berlin - Offenbach: VDE - Verlag GmbH, Vortragsband des zweiten SURTEC-Kongresses 1983 in Berlin.

20 NN: Statistik des Fraunhofer-Instituts für Produktionstechnik und Automatisierung (IPA), Stuttgart, 1985.

21 Abele,E.; Sturz,W.: Sensoren zur adaptiven Steuerung von Industrierobotern beim Entgraten. Stuttgart: Proceedings of the Second International Conference on Vision and Sensor Control, 1982.

22 Erne,H.: Taktile Sensorführung für Handhabungseinrichtungen. Dissertation Universität Stuttgart, 1982.

23 Tacke,D.: Läßt sich der Einsatz eines Roboters zum Putzen von Rohguß heute schon sinnvoll rechtfertigen? Giesserei 71 (1984) 7, Seite 277 - 284.

24 Hirzinger,G.; Plank,G.: Controlling a Robot's Motion by a Force-Torque Sensor for Deburring Problems. Gaithersburg, Maryland, USA, 4th IFAC-IFIP Symposium on Information Control Problems in Manufacturing Technology, Oktober 1982.

25 Warnecke, H.-J.; Abele, E.; Sturz, W.: Fettling of Castings with Industrial Robots by Means of Adaptive Controls. Leuven, Belgien: 13th CIRP International Seminar on Manufacturing Systems, Juni 1981.

26 Schäfer,Friedrich: Entgraten. Mainz: Krausskopf-Verlag, 1976.

27 Ambos,E.; Beier,H.-M.: Neue Verfahren und Einrichtungen zum Trennen von Anschnitt- und Speisersystemen. Gießereitechnik 27 (1981) 11, Seite 339 - 344.

28 Boley,D.; Sturz,W. Grundsatzuntersuchungen zum Gußputzen mit Industrierobotern. Unveröffentlichte Studie am Fraunhofer-Institut für Produktionstechnik und Automatisierung (IPA), Stuttgart, 1984.

29 Boley,D.; Sturz,W.: Developments in using industrial robots for deburring and fettling of castings. BCIRA Conference, Developments for Future Foundry Prosperity, University of Warwick, 2 April - 4 April 1984.

30 Stapel, Arnold G.: Feines Werkzeug für stählerne Greifer. Flexible Automation (1984) 3, Seite 82 - 84.

31 Price,M.: Abrasive-belt grinders for the finishing of castings. BCIRA Conference, Developments for Future Foundry Prosperity, University of Warwick, 2 April - 4 April 1984.

32 Czikel,J.: Die allgemeine absolute Klassifikation von Gußstücken. Giesserei-Rundschau (1964) 12, Seite 26 - 35.

33 Pacyna,H.: Klassifikation von Gußstücken. Düsseldorf: Gießerei-Verlag, 1972.

34 Rosenberger,H.: Technologische Klassifizierung von Gußstücken. Leipzig: Zentralinstitut für Gießereitechnik, 1965.

35 Bleilebens,H.: Untersuchung über Kostenzurechnungsmaßstäbe in Gießereien mit Hilfe mathematisch-statistischer Verfahren. Aachen: Dissertation an der Rheinisch-Westfälischen Technischen Hochschule RWTH, 1966.

36 NN: Preisanordnung Nr. 3016 - Gußstücke aus Gußeisen mit Lamellengraphit (GGL), Gußeisen mit Kugelgraphit (GGG), Stahl- und Temperguß aus der Produktion der volkseigenen Industrie.
Berlin: Staatsverlag der Deutschen Demokratischen Republik, 1964.

37 Cypris, Wolfgang: Auslandsproduktion - Grundlegende Problemanalyse und Entscheidungshilfe beim Aufbau.
Mainz: Krausskopf-Verlag, 1978.

38 Lien, T.K.; Ramsli, E.; Langmoen, R.; Neerland, H.: Analyseverktøy for fleksibel automatisk montasje.
Verkstedteknisk Laboratorium NTH-SINTEF, Norges Tekniske Høgskole Trondheim, 1982.

39 DIN 1683:
Freimaßtoleranzen für Gußrohteile aus Stahlguß.
Berlin, Köln: Beuth, 1980.

40 DIN 1684:
Freimaßtoleranzen für Gußrohteile aus Temperguß.
Berlin, Köln: Beuth, 1980.

41 DIN 1685:
Freimaßtoleranzen für Gußrohteile aus Gußeisen mit Kugelgraphit.
Berlin, Köln: Beuth, 1980.

42 DIN 1686:
Freimaßtoleranzen für Gußrohteile aus Gußeisen mit Lamellengraphit.
Berlin, Köln: Beuth, 1980.

43 DIN 1687:
Freimaßtoleranzen für Gußrohteile aus Schwermetallegierungen.
Berlin, Köln: Beuth, 1980.

44 DIN 1688:
Freimaßtoleranzen für Gußrohteile aus Leichtmetallegierungen.
Berlin, Köln: Beuth, 1980.

45 VDI-Richtlinie 3420:
Maßtoleranzen für Feinguß.
Düsseldorf: VDI-Verlag, 1977.

46 Bode, I.: Gußprodukte 84.
Jahreshandbuch der Gußanwendung.
Darmstadt - Haarlem - Wien - Zürich: Verlag Hoppenstedt, 1984.

47 Zimmermann,D.: ZAFO.
Eine allgemeine Formenordnung für Werkstücke - Gestaltung, Handhabung und Rationalisierungserfolg.
Stuttgart: Technischer Verlag Günther Grossmann, 1967.

48 Weck,M.: Untersuchung der Einsatzmöglichkeiten der NC-Technik bei der Putzbearbeitung. Untersuchung im Auftrag des Fachausschusses "Leichtmetall" des VDG Düsseldorf, 1980.

49 Vörös,A.: Gußputzen.
Leipzig, VEB Deutscher Verlag für Grundstoffindustrie, 1977.

50 Autorenkollektiv: Trennschleifen - ein zukunftsträchtiges Verfahren.
Werkstatt und Betrieb 114 (1981) 11, Seite 821 - 825.

51 NN: Begriffe der Trennschleiftechnik.
Bonn, Verein Deutscher Schleifmittelwerke e.V.

52 Simler,H.; u.a.: Die Nutzung der Plasmaschneidtechnik zur Rationalisierung im Gießereiwesen.
Gießereitechnik 30 (1984) 5, Seite 134 - 139.

53 DIN 8580 E:
Fertigungsverfahren
Begriffe - Einteilung.
Berlin, Köln: Beuth, 7/1985.

54 DIN 8589, Teil 0:
Fertigungsverfahren - Spanen
Berlin, Köln: Beuth, 1982.

55 Stade, G.: Technologie des Schleifens.
München: Hanser Verlag, 1962.

56 Preger, K.T.: Zerspantechnik.
Braunschweig: Vieweg, 1969.

57 Bordes, A.: Bestimmung von Schleifzeiten von Gußstücken bei der Serienherstellung. Congrès International de Fonderie 48, Varna, Bulgarien, 1981.

58 NN: Schleifpraxis. Druckschrift der Firma Atlas Copco.

59 Meyer, K.; Kremer, M.: Hochleistungs-Schleifspanen - ein neuartiges Abtragsverfahren. Industrie-Anzeiger 102 (1980) 59, Seite 22 - 25.

60 Meyer, K.; Westermann, H.-J.: Wirtschaftliche Fertigung planer Oberflächen mit dem Bandschleifverfahren. Maschinenmarkt 88 (1982) 58, Seite 1194 - 1195.

61 Schlatter, M.: Abtragsverhalten von Hochdruckwasserstrahlen bei metallischen Werkstoffen. Industrie-Anzeiger 105 (1983) 74, HGF-Kurzberichte der Hochschulgruppe Fertigungstechnik der Technischen Hochschulen und Universitäten der Bundesrepublik Deutschland, Seite 39 - 40.

62 Karabasch, P.: Gußgrate vermeiden - Gußgrate entfernen. Giesserei 71 (1984) 4, Seite 161-165.

63 Prof.Dr.-Ing. W. Backé u.a.: Ergebnisbericht des Sonderforschungsbereiches 208: Grundlagen und Komponenten flexibler Handhabungsgeräte im Maschinenbau.
Aachen: Rheinisch-Westfälische Technische Hochschule RWTH, 1985.

IPA Forschung und Praxis

Schriftenreihe aus dem Institut für Produktionstechnik und Automatisierung, Stuttgart

Herausgeber: Prof. Dr.-Ing. H. J. Warnecke

Datenerfassung im Produktionsbereich
Von E. Bendeich. ISBN 3-7830-0117-8.
1977, 176 Seiten, kartoniert. 54,— DM

Methodenauswahl für die Materialbewirtschaftung in Maschinenbau-Betrieben
Von H. Graf. ISBN 3-7830-0136-6.
1977, 144 Seiten, kartoniert. 54,— DM

Systematische Auswahl von Förderhilfsmitteln für den innerbetrieblichen Materialfluß
Von W. Rau. ISBN 3-7830-0139-0.
1977, 103 Seiten, kartoniert. 40,— DM

Grundlagen zur Planung von Ersatzteilfertigungen
Von E. Schulz. ISBN 3-7830-0138-2.
1977, 98 Seiten, kartoniert. 40,— DM

Rechnerunterstützte Fabrikplanung
Von B. Minten. ISBN 3-7830-0116-1.
1977, 124 Seiten, kartoniert. 38,— DM

Eine Planungsmethode für automatische Montagesysteme
Von H.-G. Löhr. ISBN 3-7830-0120-X.
1977, 108 Seiten, kartoniert. 32,— DM

Planung und Bewertung von Arbeitssystemen in der Montage
Von H. Metzger. ISBN 3-7830-0131-5.
1977, 108 Seiten, kartoniert. 40,— DM

Klassifizierungssystem für Prüfmittel der industriellen Längenprüftechnik
Von R. Czetto. ISBN 3-7830-0144-7.
1978, 181 Seiten, kartoniert. 64,— DM

Rechnerunterstützte Montageplanung
Von O. Hirschbach. ISBN 3-7830-0149-8.
1978, 146 Seiten, kartoniert. 52,— DM

Rechnerunterstützte Entwicklung von Simulationsmodellen für Unternehmensplanspiele
Von A. Moker. ISBN 3-7830-0147-1.
1978, 181 Seiten, kartoniert. 64,— DM

Arbeitsplatzanalysen zur Ermittlung der Einsatzmöglichkeiten und Anforderungen an Industrieroboter
Von G. Herrmann. ISBN 37830-0151-X.
1978, 113 Seiten, kartoniert. 40,— DM

MFSP — Ein Verfahren zur Simulation komplexer Materialflußsysteme
Von G. Stemmer. ISBN 3-7830-0118-8.
1977, 140 Seiten, kartoniert. 60,— DM

Berührungslose Erkennung durch Positionsbestimmung von Objekten durch inkohärent-optische Korrelation
Von M. König. ISBN 3-7830-0137-4.
1977, 110 Seiten, kartoniert. 40,— DM

Auslegung von Störungspuffern in kapitalintensiven Fertigungslinien
Von R. v. Stetten. ISBN 3-7830-0140-4.
1977, 154 Seiten, kartoniert. 56,— DM

Flexible Transportablaufsteuerung
Von G. Römer. ISBN 3-7830-0114-5.
1977, 188 Seiten, kartoniert. 60,— DM

Rechnergestützte Realplanung von Fabrikanlagen
Von T.-K. Sauter. ISBN 3-7830-0119-6.
1977, 108 Seiten, kartoniert. 32,— DM

Systematisches Auswählen und Konzipieren von programmierbaren Handhabungsgeräten
Von R. D. Schraft. ISBN 3-7830-0115-3.
1977, 108 Seiten, kartoniert. 32,— DM

Auslandsproduktion
Von W. Cypris. ISBN 3-7830-0145-5.
1978, 126 Seiten, kartoniert. 42,— DM

Wirtschaftlicher Einsatz von Mehrkoordinatenmeßgeräten
Von M. Dietzsch. ISBN 3-7830-0148-X.
1978, 142 Seiten, kartoniert. 52,— DM

Fertigungssteuerung bei flexiblen Arbeitsstrukturen
Von K.-G. Lederer. ISBN 3-7830-0146-3.
1978, 128 Seiten, kartoniert. 42,— DM

Untersuchungen zum Polieren und Entgraten durch elektrochemisches Oberflächenabtragen
Von K. Zerweck. ISBN 3-7830-0150-1.
1978, 110 Seiten, kartoniert. 40,— DM

Stufenweise Ableitung eines praktischen Planungssystems für den Entwicklungsbereich
Von R. Hichert. ISBN 3-7830-0149-8.
1978, 151 Seiten, kartoniert. 52,— DM

Produktionsplanung mit Auftragsfamilien
Von U. W. Geitner. ISBN 3-7830-0161.7.
1979, 110 Seiten, kartoniert. 45,— DM

Thermisch-chemisches Entgraten
Von T. Wagner. ISBN 3-7830-0164-1.
1979, 111 Seiten, kartoniert. 45,— DM

Untersuchung der Materialflußkosten bei ausgewählten Systemen der Zentralen Arbeitsverteilung
Von R. Wenzel. ISBN 3-7830-0162-5.
1979, 168 Seiten, kartoniert. 86,— DM

Anpassung und Einführung eines Planungssystems für die Ablaufplanung im Konstruktionsbereich
Von W. Dangelmaier. ISBN 3-7830-0163-3.
1979, 168 Seiten, kartoniert. 80,— DM

Längenmessungen an bewegten Teilen mit berührungslos wirkenden Aufnehmern
Von H. Lang. ISBN 3-7830-0157-9.
1979, 89 Seiten, kartoniert. 42,— DM

Untersuchung multistabiler Strömungselemente und ihr Einsatz in sequentiellen Steuerungen
Von A. Ernst. ISBN 3-7830-0157-9.
1979, 122 Seiten, kartoniert. 48,— DM

Taktile Sensoren für programmierbare Handhabungsgeräte
Von M. Schweizer. ISBN 3-7830-0158-7.
1979, 91 Seiten, kartoniert. 42,— DM

Die rechnerunterstützte Prüfplanung
Von P. Bläsing. ISBN 3-7830-0152-8.
1979, 100 Seiten, kartoniert. 44,— DM

Verfahren zur Fabrikplanung im Mensch-Rechner-Dialog am Bildschirm
Von W. Ernst. ISBN 3-7830-0156-0.
1979, 218 Seiten, kartoniert. 72,— DM

Rechnerunterstütztes Verfahren zur Leistungsabstimmung von Mehrmodell-Montagesystemen
Von M. Görke. ISBN 3-7830-0155-2.
1979, 139 Seiten, kartoniert. 50,— DM

Standortbezogene Betriebsmittel
Von G. Pflieger. ISBN 3-7830-0167-6.
1979, 127 Seiten, kartoniert. 52,— DM

Die betriebswirtschaftliche Beurteilung neuer Arbeitsformen
Von B.-H. Zippe. ISBN 3-7830-0168-4.
1979, 350 Seiten, kartoniert. 98,— DM

Untersuchung des Arbeitsverhaltens programmierbarer Handhabungsgeräte
Von B. Brodbeck. ISBN 3-7830-0169-2.
1979, 117 Seiten, kartoniert. 48,— DM

Untersuchung eines kohärent-optischen Verfahrens zur Rauheitsmessung
Von N. Rau. ISBN 3-7830-0174-9.
1979, 117 Seiten, kartoniert. 48,— DM

Entwicklung einer programmierbaren, pneumatischen Steuerung
Von D. Klemenz. ISBN 3-7830-0171-4.
1979, 93 Seiten, kartoniert. 42,— DM

IPA Forschung und Praxis

Berichte aus dem Fraunhofer-Institut für Produktionstechnik und Automatisierung, Stuttgart, und dem Institut für Industrielle Fertigung und Fabrikbetrieb der Universität Stuttgart

Herausgeber: Prof. Dr.-Ing. H. J. Warnecke

---

38 **Arbeitsgangterminierung mit variabel strukturierten Arbeitsplänen — Ein Beitrag zur Fertigungssteuerung flexibler Fertigungssysteme**
Von U. Maier. ISBN 3-540-10213-2.
1980, 111 Seiten mit 45 Abbildungen. 43,— DM

39 **Kapazitätsabgleich bei flexiblen Fertigungssystemen**
Von P. S. Nieß. ISBN 3-540-10372-4.
1980, 151 Seiten mit 57 Abbildungen. 48,— DM

40 **Schichtdickenverteilung auf galvanisierten Paßteilen am Beispiel kleiner abgesetzter Wellen und Bohrungen.**
Von D. Wolfhard. ISBN 3-540-10373-2.
1980, 177 Seiten mit 83 Abbildungen. 48,— DM

41 **Planung von Mehrstellenarbeit unter Berücksichtigung von Umfeldaufgaben**
Von S. Häußermann. ISBN 3-540-10374-0.
1980, 136 Seiten mit 59 Abbildungen. 48,— DM

42 **Untersuchungen zur Schmierfilmdicke in Druckluftzylindern — Beurteilung der Abstreifwirkung und des Reibungsverhaltens von Pneumatikdichtungen mit Hilfe eines neu entwickelten Schmierfilmdicken-meßverfahrens**
Von R. Kohnlechner. ISBN 3-540-10375-9.
1980, 100 Seiten mit 38 Abbildungen und 4 Tabellen. 43,— DM

43 **Typologie zum überbetrieblichen Vergleich von Fertigungssteuerungsverfahren im Maschinenbau**
Von G. Rabus. ISBN 3-540-10376-7.
1980, 174 Seiten mit 88 Abbildungen und 21 Tafeln. 48,— DM

44 **System zur Planung des Umlaufbestandes in Betrieben mit Serienfertigung**
Von K.-G. Wilhelm. ISBN 3-540-10377-5.
1980, 142 Seiten mit 67 Abbildungen und 15 Tafeln. 48,— DM

45 **Rechnerunterstützte Arbeitsplanerstellung mit Kleinrechnern, dargestellt am Beispiel der Blechbearbeitung**
Von W. Hoheisel. ISBN 3-540-10505-0.
1981, 169 Seiten mit 74 Abbildungen. 48,— DM

46 **Beitrag zur Verbesserung der Wirtschaftlichkeit EDV-unterstützter Fertigungssteuerungssysteme durch Schwachstellenanalyse**
Von J. Lienert. ISBN 3-540-10506-9.
1981, 148 Seiten mit 37 Abbildungen. 48,— DM

47 **Die Abscheidung von Öl an Entlüftungsöffnungen drucklufttechnischer Anlagen**
Von W.-D. Kiessling. ISBN 3-540-10604-9.
1981, 117 Seiten mit 48 Abbildungen und 3 Tabellen. 43,— DM

48 **Dynamische Optimierung technisch-ökonomischer Systeme**
Von J. Warschat. ISBN 3-540-10717-7.
1981, 132 Seiten mit 60 Abbildungen. 43,— DM

49 **Bildsensor zur Mustererkennung und Positionsmessung bei programmierbaren Handhabungsgeräten**
Von H. Geißelmann. ISBN 3-540-10735-5.
1981, 125 Seiten mit 52 Abbildungen. 43,— DM

50 **Verfügbarkeitsberechnung für komplexe Fertigungseinrichtungen**
Von Ekkehard Gericke. ISBN 3-540-10779-7.
1981, 132 Seiten mit 71 Abbildungen. 43,— DM

51 **Materialflußgestaltung in Fertigungssystemen**
Von Willi Rößner. ISBN 3-540-10888-2.
1981, 149 Seiten mit 76 Abbildungen. 48,— DM

52 **Beitrag zur Analyse der Auswirkungen der Mikroelektronik, dargestellt am Beispiel der Büromaschinen-Industrie**
Von Werner Neubauer. ISBN 3-540-10991-9.
1981, 145 Seiten mit 27 Abbildungen und 47 Tabellen. 43,— DM

53 **Modelle von Informationssystemen zur kurzfristigen Fertigungssteuerung und ihre Gestaltung nach betriebsspezifischen Gesichtspunkten**
Von Roland Gentner. ISBN 3-540-10992-7.
1981, 181 Seiten mit 69 Abbildungen und 7 Tabellen. 48,— DM

54 **Entwicklung von Verfahren zur Terminplanung und -steuerung bei flexiblen Montagesystemen**
Von Jürgen H. Kölle. ISBN 3-540-11227-8.
1981, 132 Seiten mit 64 Abbildungen und 1 Faltplan. 43,— DM

55 **Arbeits- und Kapazitätsteilung in der Montage**
Von Stefan Dittmayer. ISBN 3-540-11228-6.
1981, 124 Seiten und 56 Abbildungen. 43,— DM

56 **Beitrag zur systematischen Planung der Qualitätsprüfung bei Klein- und Mittelserienfertigung**
Von Herbert Babic. ISBN 3-540-11325-8
1982, 108 Seiten mit 38 Abbildungen und 7 Tabellen. 53,— DM

57 **Methode zur rechnerunterstützten Einsatzplanung von programmierbaren Handhabungsgeräten**
Von Uwe Schmidt-Streier. ISBN 3-540-11355-X.
1982, 188 Seiten mit 72 Abbildungen. 53.– DM

58 **Werkstoff- und Energiekennwerte industrieller Lackieranlagen, am Beispiel der Automobilindustrie**
Von Rainer Manfred Thiel. ISBN 3-540-11356-8.
1982, 116 Seiten mit 59 Abbildungen. 53.– DM

59 **Maßnahmen zum Verbessern der pneumatischen Lackzerstäubung – Teilchengrößenbestimmung im Spritzstrahl –**
Von Klaus Werner Thomer. ISBN 3-540-11507-2.
1982, 162 Seiten mit 94 Abbildungen und 1 Tabelle. 53.– DM

60 **Ermittlung und Bewertung von Rationalisierungsmaßnahmen im Produktionsbereich**
Von Jürgen Schilde. ISBN 3-540-11730-X.
1982, 158 Seiten mit 57 Abbildungen. 53.– DM

61 **Untersuchung von Verfahren der Reihenfolgeplanung und ihre Anwendung bei Fertigungszellen**
Von Mohamed Osman. ISBN 3-540-11747-4.
1982, 124 Seiten mit 32 Abbildungen und 3 Tabellen. 53.– DM

62 **Ein Simulationsmodell zur Planung gruppentechnologischer Fertigungszellen**
Von Volker Saak. ISBN 3-540-11747-4.
1982, 134 Seiten mit 53 Abbildungen. 53.– DM

63 **Verfahren zur technischen Investitionsplanung automatisierter Fertigungsanlagen**
Von Günter Vettin. ISBN 3-540-11747-4.
1982, 134 Seiten mit 63 Abbildungen. 53.– DM

64 **Pneumatische Sensoren zur prozeßsimultanen Messung des Werkzeugverschleißes und zur Kollisionsvermeidung beim Messerkopffräsen**
Von Wolfgang Jentner. ISBN 3-540-11747-4.
1982, 126 Seiten mit 47 Abbildungen und 6 Tabellen. 53.– DM

65 **Rechnerunterstützte Gestaltung ortsgebundener Montagearbeitsplätze, dargestellt am Beispiel kleinvolumiger Produkte**
Von Eberhard Haller. ISBN 3-540-12015-7.
1982, 130 Seiten mit 43 Abbildungen. 53.– DM

66 **Fernsehüberwachung von Schutzgasschweißvorgängen mit abschmelzender Elektrode MIG – MAG**
Von Ruprecht Niepold. ISBN 3-540-12181-7.
1983, 178 Seiten mit 73 Abbildungen und 5 Tabellen. 58.– DM

67 **Entwicklung flexibler Ordnungssysteme für die Automatisierung der Werkstückhandhabung in der Klein- und Mittelserienfertigung**
Von Karl Weiss. ISBN 3-540-12455-1.
1983, 116 Seiten mit 68 Abbildungen. 58.– DM

68 **Automatisierte Überwachungsverfahren für Fertigungseinrichtungen mit speicherprogrammierten Steuerungen**
Von Werner Eißler. ISBN 3-540-12456-X.
1983, 128 Seiten mit 66 Abbildungen. 58.– DM

69 **Prozeßüberwachung beim Galvanoformen**
Von Jürgen Wilhelm Böcker. ISBN 3-540-12457-8.
1983, 118 Seiten mit 32 Abbildungen. 58.– DM

70 **LAPEX – Ein rechnerunterstütztes Verfahren zur Betriebsmittelzuordnung**
Von Stephan Mayer. ISBN 3-540-12490-X.
1983, 162 Seiten mit 34 Abbildungen und 2 Tabellen. 58.– DM

71 **Gestaltung eines integrierten Produktionssystems für die Sortenfertigung unter Einsatz der Clusteranalyse**
Von Gerald Weber. ISBN 3-540-12650-3.
1983, 194 Seiten mit 54 Abbildungen. 58.– DM

72 **Gußputzen mit sensorgeführten, programmierbaren Handhabungsgeräten**
Von Eberhard Abele. ISBN 3-540-12651-1.
1983, 133 Seiten mit 66 Abbildungen. 58,– DM

73 **Untersuchungen zur Herstellung und zum Einsatz galvanogeformter Erodierelektroden**
Von Harald Müller. ISBN 3-540-12822-0.
1983, 148 Seiten mit 78 Abbildungen. 58,– DM

74 **Ein Beitrag zur Optimierung der Prozeßführungsstrategien automatisierter Förder- und Materialflußsysteme**
Von Hans Steffens. ISBN 3-540-12968-5.
1983. 161 Seiten mit 60 Abbildungen. 58,– DM

75 **Entwicklung eines Verfahrens zur wertmäßigen Bestimmung der Produktivität und Wirtschaftlichkeit von Personalentwicklungsmaßnahmen in Arbeitsstrukturen**
Von Christian Müller. ISBN 3-540-13041-1.
1983. 129 Seiten mit 34 Abbildungen. 58,– DM

76 **Berechnung der Gestaltänderung von Profilen infolge Strahlverschleiß**
Von Wolfgang Marx. ISBN 3-540-13054-3.
1983. 121 Seiten mit 58 Abbildungen. 58,– DM

77 **Algorithmen zur flexiblen Gestaltung der kurzfristigen Fertigungssteuerung**
Von Rudolf E. Scheiber. ISBN 3-540-13500-6.
1984, 150 Seiten mit 73 Abbildungen und 1 Tabelle. 63.– DM

78 **Galvanisieren mit moduliertem Strom**
Von Jürgen Wolfgang Mann. ISBN 3-540-13733-5.
1984, 145 Seiten und 58 Abbildungen. 63,– DM

79 **Fluoreszenzmeßverfahren zur Schmierfilmdickenmessung in Wälzlagern**
Von Wolfgang Schmutz. ISBN 3-540-13777-7.
1984, 141 Seiten und 66 Abbildungen. 63,– DM

IPA-IAO Forschung und Praxis

Berichte aus dem Fraunhofer-Institut für Produktionstechnik und Automatisierung (IPA), Stuttgart, Fraunhofer-Institut für Arbeitswirtschaft und Organisation (IAO), Stuttgart, und Institut für Industrielle Fertigung und Fabrikbetrieb der Universität Stuttgart

Herausgeber: Prof. Dr.-Ing. H. J. Warnecke und Prof. Dr.-Ing. H.-J. Bullinger

---

80 **Flexibilität und Kapazität von Werkstückspeichersystemen**
Von Bernhard Graf. ISBN 3-540-13970-2.
1984, 115 Seiten mit 71 Abbildungen. 63,– DM

T1 **Flexible Fertigungssysteme**
17. IPA-Arbeitstagung zusammen mit der 3. Internationalen Konferenz „Flexible Manufacturing Systems (FMS-3)", ISBN 3-540-13807-2.
1984, 249 Seiten mit zahlreichen Abbildungen. 118,– DM

T2 **Integrierte Bürosysteme**
3. IAO-Arbeitstagung. ISBN 3-540-13978-8.
1984, 633 Seiten mit zahlreichen Abbildungen. 168,– DM

81 **Rechnerunterstützte Planung von Montageablaufstrukturen für Erzeugnisse der Serienfertigung**
Von Ernst-Dieter Ammer. ISBN 3-540-15056-0.
1985, 120 Seiten mit 1 Faltblatt und 33 Abbildungen. 63,– DM

82 **Flexibilität von personalintensiven Montagesystemen bei Serienfertigung**
Von Heinrich Vähning. ISBN 3-540-15093-5.
1985, 152 Seiten mit 49 Abbildungen. 63,– DM

83 **Ordnen von Werkstücken mit programmierbaren Handhabungsgeräten und Werkstückerkennungssensoren**
Von Ingo Schmidt. ISBN 3-540-15375-6.
1985, 111 Seiten mit 66 Abbildungen. 63,– DM

84 **Systematische Investitionsplanung**
Von Jorge Moser. ISBN 3-540-15370-5.
1985, 190 Seiten mit 69 Abbildungen. 63.– DM

T3 **Montage · Handhabung · Industrieroboter**
Internationaler MHI-Kongreß im Rahmen der Hannover-Messe '85. ISBN 3-540-15500-7.
1985, 267 Seiten mit zahlreichen Abbildungen. 128,– DM

85 **Flexible Montagesysteme – Konzeption und Feinplanung durch Kombination von Elementen**
Von Peter Konold / Bernd Weller. ISBN 3-540-15606-2.
1985, 162 Seiten mit 71 Abbildungen und 9 Tabellen. 63,– DM

T4 **Menschen · Arbeit · Neue Technologien**
4. IAO-Arbeitstagung zusammen mit der 2. Internationalen Konferenz „Human Factors in Manufacturing". ISBN 3-540-15763-8.
1985, 442 Seiten mit zahlreichen Abbildungen. 168,– DM

86 **Leitstandunterstützte kurzfristige Fertigungssteuerung bei Einzel- und Kleinserienfertigung**
Von Lothar Aldinger. ISBN 3-540-15903-7.
1985, 151 Seiten mit 49 Abbildungen und 2 Tabellen. 63,– DM

87 **Bestimmen des Bürstenverhaltens anhand einer Einzelborste**
Von Klaus Przyklenk. ISBN 3-540-15956-8.
1985, 117 Seiten mit 74 Abbildungen. 63,– DM

88 **Montage großvolumiger Produkte mit Industrierobotern**
Von Jörg Walther. ISBN 3-540-16027-2.
1985, 125 Seiten mit 58 Abbildungen. 63,– DM

89 **Algorithmen und Verfahren zur Erstellung innerbetrieblicher Anordnungspläne**
Von Wilhelm Dangelmaier. ISBN 3-540-16144-9.
1986, 268 Seiten mit 79 Abbildungen. 68,– DM

90 **Bewertung der Instandhaltung von Fertigungssystemen in der technischen Investitionsplanung**
Von Hagen U. Uetz. ISBN 3-540-16166-X.
1986, 129 Seiten mit 38 Abbildungen. 68,– DM

91 **Entgraten durch Hochdruckwasserstrahlen**
Von Manfred Schlatter. ISBN 3-540-16172-4.
1986, 167 Seiten mit 89 Abbildungen und 18 Tabellen. 68,– DM

92 **Werkstückorientierte Verfahrensauswahl zum Gußputzen mit Industrierobotern**
Von Wolfgang Sturz. ISBN 3-540-16224-0.
1986, 156 Seiten mit 59 Abbildungen. 68,– DM

GPSR Compliance

The European Union's (EU) General Product Safety Regulation (GPSR) is a set of rules that requires consumer products to be safe and our obligations to ensure this.

If you have any concerns about our products, you can contact us on ProductSafety@springernature.com

In case Publisher is established outside the EU, the EU authorized representative is:

Springer Nature Customer Service Center GmbH
Europaplatz 3
69115 Heidelberg, Germany

Batch number: 10844639

Printed by Printforce, the Netherlands